"十一五"国家重点图书出版规划项目

生命科学实验指南系列

Survivor Stories Biological Laboratory
——Incidents Notes for Safety

生物实验室安全故事手记

孟 博 等著

科 学 出 版 社

北 京

内 容 简 介

本书通过一个个发生在分子生物学实验室、细胞与免疫学实验室、微生物实验室和动物实验室的安全故事，传达给你“生物实验室安全”的观点和理念，“安全小贴士”指导你如何安全有效地进行实验，“补救措施”教你把危害的隐患和后果降到最低。本书集中了生物实验室中最常见的人身安全、仪器安全、试剂安全以及实验对象安全方面的经验和教训，给人以深刻的印象和启发。

本书可作为生物学及相关学科领域新进实验室的研究生或者工作人员安全培训的辅助教材，也可供实验室管理人员对比查找本实验室安全防范措施、规定的疏漏。

图书在版编目(CIP)数据

生物实验室安全故事手记/孟博等著.—北京：科学出版社，2009
(生命科学实验指南系列)
ISBN 978-7-03-026074-1

Ⅰ.生… Ⅱ.孟… Ⅲ.生物学-实验室-安全技术 Ⅳ.Q-338

中国版本图书馆CIP数据核字（2009）第212791号

责任编辑：李　悦/责任校对：陈玉凤
责任印制：吴兆东/封面设计：王　浩

科学出版社出版
北京东黄城根北街16号
邮政编码：100717
http://www.sciencep.com
北京厚诚则铭印刷科技有限公司印刷
科学出版社发行　各地新华书店经销
*
2010年1月第　一　版　　开本：B5(720×1000)
2025年1月第五次印刷　　印张：13 1/2
字数：252 000

定价：52.00元

（如有印装质量问题，我社负责调换）

本书编委会名单

	主　编	孟　博	华东师范大学教育部及上海市脑功能基因组学重点实验室
实验室通则	副主编	田　智	长沙医学院
		刘文生	哈尔滨医科大学附属第二医院普外科
分子实验室	副主编	向　征	香港大学儿童及青少年科学系
		杨晓波	广西医科大学公共卫生学院
		鲍　羿	中国协和医科大学/中国医学科学院医药生物技术研究所生物工程室
细胞实验室	副主编	吴　瑨	华东师范大学教育部及上海市脑功能基因组学重点实验室
		张桂信	大连医科大学附属第一医院普外科
微生物实验室	副主编	裴得胜	中国科学院水生生物研究所
		万　勇	广州中山大学达安基因股份有限公司
动物实验室	副主编	孙世顼	中国药科大学
		纪光伟	武汉钢铁(集团)公司第二职工医院外科

序

实验室生物安全涉及公共安全，引起各国政府的高度重视。如何实行对实验室感染的控制和对周围环境影响的控制，以及对实验室管理和感染性实验材料的管理控制等一系列实验室生物安全问题，在“9.11”事件和“SARS”事件之后特别成为我国政府最为重视的工作之一，并通过了一系列规范管理和正确操作等防范和控制生物危害的管理措施，维护了国家稳定、社会经济及人民健康、生态环境的安全。

在实验室尤其是生物实验室工作不可能没有风险。这就要求实验室工作人员充分考虑在实验活动过程中涉及的所有因素，尽可能地降低其风险，使工作人员充分避免所操作生物因子带来的危害，确保自身不受实验对象的侵染；保证危险生物因子不向实验室外扩散，确保周围环境不受其污染。防止有害或有潜在危害的生物因子对人、环境、生态和社会造成的危害或潜在危害，是我们所有从事相应科研和实验室工作者的责任和义务。

《病原微生物实验室生物安全管理条例》和国家标准[GB19489－2004《实验室生物安全通用要求》，2008年又进行修订]的颁布是我国公共安全体系建设中具有里程碑意义的一件大事，这标志着我国的实验室生物安全管理步入了科学、规范和发展的道路。这些硬性规定的要求是在吸取了各国的经验特别是吸取了惨痛事件的教训后提出来的，必须给予高度重视和自觉贯彻执行，并落实到实际工作行为过程中。其目的是通过规范实验安全行为防止万分之一事故的发生，保障实验室人员和相关人员的生命安全，确保实验室的生物安全，维护我国公共安全体系的正常运行。

该书通过发生在相关生物学实验室，特别是动物实验室所亲历的一些安全问题，以“安全故事”的形式使实验室操作人员和相关管理人员更清晰地认识自己的工作环境及所从事实验工作的性质，正确理解“标准”并指导实验室操作等实践工作。建立明确的安全意识在避免或控制生物危害发生方面起着很重要的作用；每一节均附有“点评”做提示，简要明了；又以“安全小贴士”的方式做指导，教你如何安全有效地进行实验操作和完成某项工作所规定的特定途径，重点强调在工作过程中的安全细节；当问题发生时又以“补救措施”教你在紧急状态下的一种处理方法，发现事故隐患应采取的措施和如何消除并将危害后果降之最低限度。

该书的作者通过自身多年实际操作的工作经验教训，充分认识到：尽管实验室生物安全技术不断提高、设备不断更新、管理体制不断完善，但仍有实验室感染事件或事故的发生，其原因就是实验室是个复杂而多变的环境，而导致大错的往往又是由细微的人员操作错误所致。因此，本书通过生物实验室的人员安全、设备安全、试剂安全以及实验对象等安全方面的经验和教训，阐述了在实验过程中发生的事故及如何加以防范和避免事故发生的措施。

尽管目前涉及实验室生物安全方面的书籍很多，但作为直述安全事故方面的书籍，本书却是首例，其内容描述生动活泼，独特新颖，同时具有严肃性、科普性和趣味性，能给人以深刻的提示和启发。我相信该书可使实验室操作人员和相关管理人员更广泛地掌握生物安全知识及实验室操作技术、防护技术和实验室设备的正确使用方式，有效地防止大多数实验室安全问题的发生。

中国医药生物技术协会实验室安全专业委员会主任委员

王秋娣　研究员

前　　言

初进生物实验室，你是否知道哪种实验操作最可能带来潜在的安全隐患？如果你带着手套、口罩、防护眼镜“全副武装”地去使用三氯甲烷，是否会遭到实验室其他人的耻笑，认为你“太胆小，怕死”？

久在实验台，你是否已经习惯了一边听着音乐，嚼着口香糖，一边向面前的试管中添加样品？

你和实验动物“亲密接触”时是否想到，不戴口罩的习惯除了让你闻到一些令人不快的味道之外，还可能引发你日后的过敏症？

……

这些平时很可能被我们忽视的隐患也许就是将来实验失败的直接原因，更可能给我们自身健康，或者环境带来长远的影响。“无知”和“麻木”，到底哪个更可怕？

实验室安全问题的提出由来已久，然而，实际上，许多科研单位一线科研人员的安全防护知识却仍仅仅局限于来自实验室管理者的简单传授和自身操作实践。他们往往对技术环节比较精通，但对实验室的规范管理和应该承担的安全责任大多意识淡漠。2004 年北京和安徽发生的实验室医务工作者非典病毒感染传播事件，就是由于实验室管理不善，工作人员未能严格执行生物安全管理与病原微生物标准操作，致使实验室的安全管理隐患成为了现实危害，也暴露出我国在实验室生物安全管理体制上存在的不足。目前，国家已经颁布《实验室生物安全通用要求》(GB 19489－2004)国家标准，有望促进我国实验室生物安全管理水平的普遍提高。但制度和标准如果不能落实在每一位一线实验人员的心里，也仅仅只能是厚厚的一叠废纸。

本书首次尝试将丁香园网站(www. dxy. cn)网友们亲身经历的安全故事与实验室安全规范结合在一起，希望利用这种活泼的形式使实验室安全这个严肃的概念和主题深入到每一位读者的心中，唤醒每一位实验人员及实验管理者对实验室安全重要性的意识，促使实验室安全得到保证。本书根据我国实验室情况及可操作性，共分为 5 章，分别为：通则、分子生物学实验室、细胞与免疫实验室、微生物实验室和动物实验室。其中通则中包括对实验室水、火、电，及一些实验室共性的安全问题的论述，其他实验室章节则包括该类实验室中常见的试剂、仪器及操作和管理方面的安全问题。

本书不仅针对从事与生物学相关的实验“新手”，也针对“久经沙场”但是安全意识已经淡漠的实验室“老将”，目的是使大家了解如何正确而规范地从事实验操作，避免事故的发生，以及如果不幸发生事故时该如何处置及补救。本书的特点是每一篇文章都是从实际发生的事件出发进行分析，并告诉你如何判断、处理和避免错误的发生以及该如何合理、规范、正确地进行有序规划和执行。事实上，本书所提及的实验室安全注意事项只是实验室安全众多要求的其中一小部分，但本书主要目的是提高实验人员的安全意识，因此可以作为实验室安全规范的补充参考用书。

本书编著过程中凝聚了丁香园网站全体网友的集体智慧，从大纲编写、征集稿件、到稿件修订均通过网络联系完成。需要特别感谢的是，上海交通大学医学院的潘振业教授对动物实验室章节的稿件进行了逐字逐句的细致而认真的审定，提出了很多重要建议。北京大学医学部医药卫生分析中心原副主任范宪周研究员对本书稿不仅认真阅读，且诚挚地提出不少宝贵建议，在此一并致谢。本书编写过程中同时参考了许多相关资料，但由于作者的水平和篇幅有限，有些问题可能阐述不够详细或者存在其他不足，务请读者批评指正。

编　者

目　　录

第一章 实验室通则

1. 在动手实验之前
   ——**法国实验室的第一课**
2. 实验室通用小常识
   ——**你知道多少?**
3. 实验室用水安全
   ——**自动双重纯水蒸馏器的爆炸**
4. 实验室用电安全
   ——**细胞室里的惊险事件**
5. 实验室用火安全
   ——**酒精灯惊魂**
6. 实验室意外事故之
   ——**当心身边的“炸药库”**
7. 实验室人员防护之
   ——**“常在河边走，哪能不湿鞋”**
8. 实验室人员防护之
   ——**No Food or Drink!**
9. 实验废弃物的处理之
   ——**潘多拉的盒子**
10. 实验室通用仪器设备之
   ——**冰箱并非“保险箱”**
11. 实验室通用仪器设备之
   ——**手提式高压灭菌器的使用问题**
12. 实验室通用仪器设备之
   ——**当心烘箱变“炸弹”**
13. 实验室常见操作之
   ——**硫酸洗手有点疼**
14. 实验室常见操作之
   ——**当心玻璃器皿变利刃**
15. 比实验材料、实验仪器更重要的
   ——**实验记录**
16. 让人迷糊的有效数字问题
   ——**漫谈数值修约**

法国实验室的第一课

作者：yinjunlou*

实验室手记

2 年前，我幸运地来到法国一所著名的研究中心做博士后研究工作。暂不论其他，首先对这里的安全教育感触颇多，总体来说，是“以人为本”。

首先，这里的研究所每年组织实验室安全培训课，每一位进入实验室工作的学生都必须参加一次，而且要签到，为期一天。因为那时我刚来这里还听不太懂，还好有 PPT，能稍微猜测一下。当时主讲老师的开场白大致是这样说的：“欢迎各位同学进入我们的实验室，但我必须告诉你们，实验室比你们的课堂危险多了，到处都是各种生物和化学物质，还有各种放射性物质，不但让你们个人有危险，也可能危害我们周围的人和环境。下面让我们分别来学习有毒生物、化学物质、射线、水、电、火等一些紧急情况的注意事项和处理……”

让我印象较深的是这里的现场演示，不仅教会了大家各种灭火器的使用原则和方法，还附带可以试一下防化面具，此外老师还教了一下心肺复苏的方法。当然这对于在国内专业是医科的我来说当然是小儿科，但我也借此提醒各位刚进入实验室的研究生同学，安全要随时记在心中，不怕一万，只怕万一。

进入这所研究中心后，这里每个实验室都有一名安全负责人。我们的实验室是由一位德国人负责。德国人的严谨作风，算是初步领教了。我第一天到这里，他就拿出一张纸，里面罗列有很多项目，他按照单子上的每一个项目，一步步地让我学习。

一、管理文件类

1. 安全相关文件。介绍各种操作规范，实验室各种危险的标志的位置、意义等。

2. 医疗急救相关文件。主要是介绍等待医生到来之前你可能做些什么，如

* 本书各篇均为向丁香园网站（www.dxy.cn）网友征集，此处为作者网名。——编者注

包扎固定，心肺复苏等。

3. 各种紧急电话号码。包括认识本实验的安全负责人，介绍目前的研究所总的安全负责人的电话和名字，介绍目前研究所化学安全、放射防护负责人的电话和名字，介绍目前的研究所医疗抢救负责人电话和名字。

4. 孕妇实验室注意事项。这项很人性化，因为我没有这个问题，当时就免了。

二、常规防护

1. 工作时穿上工作服。关于这点，以前在国内的时候是不太注意的。夏天贪图凉爽，有时就换成了短袖。回想起来，个人感觉确实还是长袖白大褂好些。

2. 一般不要穿高跟鞋或凉鞋。这点女性实验者需要特别注意。

3. 常规戴手套。这个很有必要，不但保护自己，也防止实验室操作过程中的污染。我们很多研究生都很勇敢，勇敢得不要命，我见到过有人 EB 胶也用手拿的。法国这里手套相应配备了很多种，根据不同情况戴不同手套，有防腐蚀的，也有防冻、防刀具的。

4. 必要时戴防护眼镜，如复苏细胞时。看来有时近视也有一点点的好处，至少也多了一层防护。

5. 禁止在实验室内吸烟、吃喝东西，也不能用吸管吸饮料（这里办公室与实验室是隔开的，在办公室可以吃喝东西，但决不能抽烟）。此外特别强调不能把你的私人物品，特别是食品放入实验室的冰箱。我以前从不把实验室当作一块禁地，一般就在实验桌旁吃饭。

6. 禁止 15 岁以下孩子进入实验室。这个我也是第一次听到，也值得我们借鉴，说明国外对小孩的重视和保护，实验毕竟不是特别安全的地方。有一次有个同事带她 12 个月的小婴儿过来，但只待在实验室门外面一个公园中，不进来，我们就只有跑到外面去看他们。

7. 实验室急救药箱的位置和使用。急救药箱里有很多医疗物品，而且从外面看这个药箱是透明的，据说是为了方便观察物品是否齐全，有没有过期（这个由实验室安全负责人定期检查）。这里他还强调了一下，里面任何物品都不能带回家。医疗物品看起来挺全的，里面有个小东西我以前医院里没见过，不知道是什么，他说是用来放干净东西的，比如某个人手指头掉了，就可以放在里面，一起送到医院去。

8. 紧急断电开关。如有紧急情况，只要一击，整个房间就没电了。

9. 工作梯。取高处物品必须用专用工作梯，同时告诫不要把重的危险的东西放在高处，因为容易坠落伤人。而站到椅子上取物是不允许的，容易发生意外不安全。

10. 抽屉。柜子里的抽屉打开后，必须关上，理由是容易伤害他人。开始我不理解，他还现场很逼真地演示了一下（发现老外都有表演的潜质）：先跑去把我们过道边上靠近地面的抽屉打开，然后走过去就佯装绊倒。

11. 关于滑倒。地上有水时，必须及时擦干。

12. 最后一个离开实验室，请负责检查一遍实验室，如高温水浴箱，电炉之类的设备有没有关。

三、特殊危险防护

1. 低温保护。这个涉及进入4℃房间或－20℃房间需注意的问题，如被关在里面时如何采取紧急措施（有个紧急安全开关）。

2. 关于高温物品的警戒措施（酒精灯、电炉、水浴箱）。

3. 关于手术刀、针头的使用以及使用后的处理。

4. 关于有毒危险物品的处理。此类物品必须严格标记，贴上一些标签，这个他们也特别强调，不但保护自己，也为了保护别人。

5. 废物处理。这里我特别说明一下，这里的垃圾分类特别明确，固体、液体、生物制品、化学物质、放射物品、常规生活垃圾、实验垃圾都必须分开处理，而且一般非常严格。一旦查出在生活垃圾含有毒物品（会抽查的），会遭到非常高的处罚。

6. 紫外线的防护。紫外线对眼睛、皮肤还是有很大伤害的，以前我在国内有一次切胶时间太长，第二天眼睛都肿了。国内的超净台有时开着日光灯时，就需要注意一下紫外灯是否开着，而这里的超净台不存在这样的问题。

7. 液氮。主要也是加强眼睛的防护。

8. 实验室通风。特别是有气味试剂操作时这点必须注意。

四、紧急危险火警

1. 遇到火警时应该怎么通知别人（有个专门的火警开关）。

2. 有关撤离的线路设置。

3. 各种灭火器的使用（又被教了一遍）。

4. 灭火覆盖衣。

五、喷射龙头的使用

这里还有专门的水龙头冲眼睛，冲全身。德国人为此具体向我说明了一下怎么使用。

最后他问我有没有问题，我说没有了，他就要我在纸上签名。然后说既然已

经上过课了，就考了我两个问题，我觉得很实际：

1. 如果我把一瓶有毒的试剂打翻在地，应该怎么处理？

我当时第一反应说是尽快清除掉，他说你清除是对的，但首先必须通知实验室或研究所安全负责人，然后决定怎么清除，以及其他实验室人员需不需要撤离或防护等（我以前的实验室就曾有人把 SDS 粉剂打翻了，后来也没说，搞得第二天每个人都咽喉疼痛，还以为中了什么毒）。

2. 如果身边有人身上着火时，你应该怎么帮助他？

如果有人身上着火时，我应怎么办？我本来上培训课就没听明白，我就先回答用水，他摇头，我又回答用灭火器，他笑了一下，然后说，这里实验室有种专门的衣服，只要用这个衣服包住，火就会灭了。又学了一招。

原以为自己也是个小心做事的人，但遇到几件小事就证明警惕意识还不够，很多细节习惯性地被疏忽了：去年夏天，虽然有空调，但感觉热，所以有一天我做实验没穿工作服，刚好那天被一个负责安全的人撞到，最后虽然没怎么样，但我那位德国同事对我说，他很不高兴，因为如果这里的工作人员出什么事，他们分管安全的人同样有责任。

再举个废物处理的例子。EB 什么的，我都不想再说了。有一次我配 SDS-PAGE，不凝，我刚想把不凝的胶倒到洗水槽，那位技术员就说："I think the fish will not like them."真让我觉得不好意思。

还有，这里定期有安全演习，大概每两个月一次。当安全警报响起时，你必须放下一切工作，马上离开实验室。有次我想把手头的事情完成，因为我敢肯定这又是演习而已。实验室安全负责人说了一句话，又让我印象深刻："You must leave immediately；if you stay here you are not only dangerous to yourself，but also dangerous to someone trying to come here to save you."

点　评

有人可能认为，中国的实验条件不如国外好，我们不能照搬他们这一套。但是越是条件的限制，越要注意实验室安全。很多硬件或许不能改善，但我们应该学习他们一切以人为本的出发点，对研究人员的安全高度重视，以及对周围环境保护的密切关注。这些都值得我们思考和学习。在实验过程中，不但要保护自己，更要时刻想到你的操作会不会对别人或环境造成伤害，以及在紧急情况下，该怎么样去帮助别人。

图片

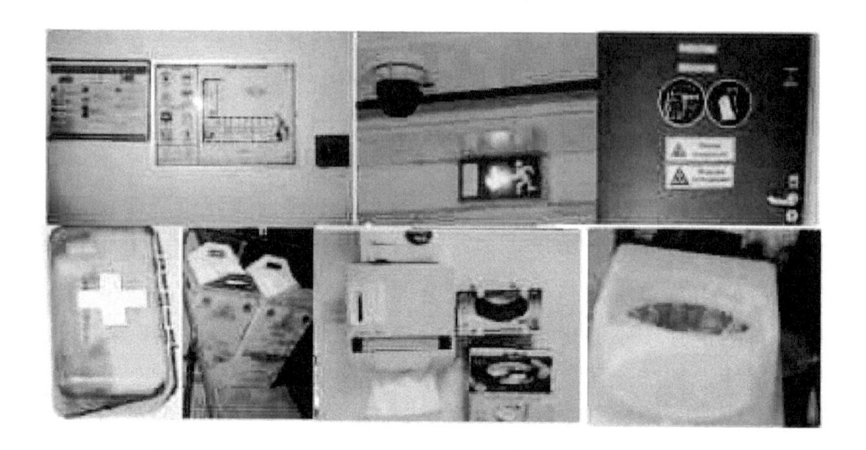

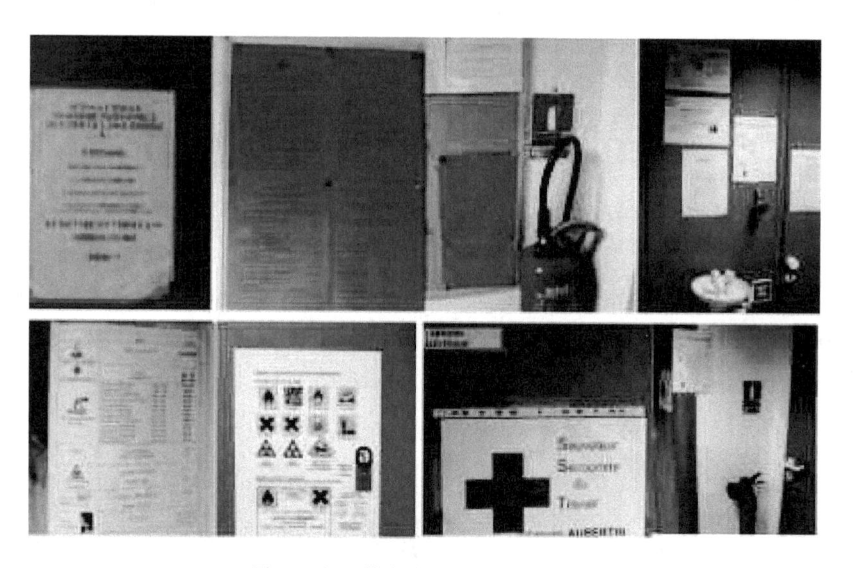

图 1　法国某实验室内的安全措施

实验室通用小常识

——你知道多少？

DXY 全体站友贡献，Biowind 整理

仪器相关之

1. 某些 pH 计的电极不能准确测出 Tris 缓冲液的 pH，特别是 Ag/AgCl 参比电极。如果调好 Tris 溶液的 pH 后，应 10 分钟之后再测一次，如果读数和原来不一样，请打电话询问 pH 计厂商；

2. 探针式超声破碎仪可对耳朵产生伤害，一定要使用耳罩/耳塞；

3. 显微镜的光源在关闭电源前要调至最暗。如果在高亮度时关闭电源，在下次开启电源的瞬间，光源灯泡很可能坏掉。

4. 向水浴锅、灭菌器内添加的水要求至少是蒸馏水，禁止添加自来水；

5. 区分通风橱、超净工作台和生物安全柜。

①通风橱可以保护操作者，因此，操作挥发性、刺激性有毒物质时要在通风橱里进行，但通风橱不能有效保护操作对象不受污染；

②超净工作台的风是向外吹送的，只能保护操作对象不被污染，却保护不了操作者，因此，常用于大肠杆菌等一般工程菌的操作。Ⅱ级（或以上）生物安全柜可以较好地保护操作对象同时保护操作者，因此操作具有（潜在）感染危险的实验对象时，应在Ⅱ级（或以上）生物安全柜中进行；

6. 移液器由较大刻度调至较小刻度时，缓慢调至所需刻度，小心不要超越即可；而当需要增加刻度时，先调超 1/3 圈，再缓慢减少至所需刻度，小心不要超越刻度。移液枪用完之后要归到最大计量的位置，防止久而久之弹簧失去弹性。

实验操作相关之

1. 加入试剂之前，把它混匀一下，以免放置时间长了浓度不均。冻存的试剂更是要等全部融化后才能使用。

2. 试剂标签要写上配制者姓名和日期，日期不仅要包括月和日，年也要写上。可能一瓶试剂存在的年头比你在实验室的时间都长。

3. 有机玻璃不能用酒精擦拭，否则会变白，模糊不清。

4. 不要把注射器丢弃在普通垃圾桶内，否则会有大麻烦。不要把针头从针套拿出来，把针头带着针套连同针管一起丢在尖锐物品回收的盒子里。

5. 进入动物实验室保持戴口罩的习惯，避免患上过敏症。

6. 对于实验室的女性来说，尤其要注意：

①禁止在实验室化妆、处理隐形眼镜；不提倡在实验室佩戴首饰。

②长发必须盘在脑后并扎起来，以免接触手、样品、容器或者设备。

③不提倡穿短裙和露脚趾的鞋子。

7. * 从事实验工作的女性应在计划怀孕前三个月开始脱离实验室中确切的危险因素或少接触（包括男方），并进行有关优生优育方面的检查。如已经妊娠并有孕期中接触危险因素的病史，可在孕早期（孕 3 月内）接受 TORCH 检查，在妊娠 16～20 周内进行唐氏筛查，妊娠 4 个月后进行超声检查可以了解胎儿有明显的先天畸形，以后定期的产科检查和超声检查可以了解胎儿的生长发育情况。现今已肯定的实验室中常见的人类致畸原有：

①化学物：甲基汞、聚氯联苯（PCB）、2,4-D-二　英杀虫剂、苯、二甲苯、甲苯。

②微生物感染：病毒类（风疹病毒、巨细胞病毒、水痘病毒、单纯疱疹病毒、带状疱疹病毒、梅毒螺旋体、人类免疫缺陷病毒等）。

③物理因素：放射性同位素等电离辐射。

④如果进行动物实验要注意动物携带和传染微生物感染的可能。

⑤影响不仅仅存在于妊娠期，在分娩后哺乳期，有些致畸原还可以通过母乳输送给婴儿，使婴儿在后天仍继续积累某种毒物而损害生长发育。

⑥致畸原对生育的影响取决于怎样接触、接触的剂量和暴露时间的长短。做好个人防护措施尤为重要。

实验室常见受伤之应急处理

1. 创伤：伤处不能用手抚摸，也不能用水洗涤。若是玻璃创伤，应先把碎玻璃从伤处挑出。轻伤可涂以龙胆紫药水（或红汞、碘酒），必要时撒些消炎粉或敷些消炎膏，用绷带包扎。

2. 烫伤：不要用冷水洗涤伤处。伤处皮肤未破时，可涂擦饱和碳酸氢钠溶

* 感谢武汉同济医院生殖医学中心 岳静 副教授 提供

液或用碳酸氢钠粉调成糊状敷于伤处，也可抹獾油或烫伤膏；如果伤处皮肤已破，可涂些紫药水或1%高锰酸钾溶液。

3. 眼睛灼伤或掉进异物：应立即用大量清水冲洗15分钟，不可用稀酸或者稀碱。若有玻璃碎片入眼，不可自取，不可转动眼球。可任其流泪，如无效则用纱布轻轻包住眼部急送医院。其他异物可由他人翻开眼睑用消毒棉签取出。

4. 受酸腐蚀致伤：先用大量水冲洗，再用饱和碳酸氢钠溶液（或稀氨水、肥皂水）洗，最后再用水冲洗。如果酸液溅入眼内，用大量水冲洗后，送医院诊治。但浓硫酸粘到皮肤时不能直接用水洗，因为会有大量的热量产生，会烧伤皮肤。应该先用硼酸，再用碳酸氢钠溶液处理，严重的应处理后尽快就医。

5. 受碱腐蚀致伤：先用大量水冲洗，再用2%醋酸溶液或饱和硼酸溶液洗，最后再用水冲洗。如果碱溅入眼中，用硼酸溶液洗。

6. 吸入刺激性或有毒气体：对成酸性气体可用5%碳酸氢钠溶液雾化吸入；成碱性气体用3%硼酸溶液雾化吸入，送医治疗；吸入氯气、氯化氢气体时，可吸入少量酒精和乙醚的混合蒸汽使之解毒；吸入硫化氢或一氧化碳气体而感不适时，应立即到室外呼吸新鲜空气。但应注意氯气、溴中毒不可进行人工呼吸；一氧化碳中毒不可施用兴奋剂。

7. 毒物入口：将5～10ml稀硫酸铜溶液加入一杯温水中，内服后，用手指伸入咽喉部，促使呕吐，吐出毒物，然后立即送医院。

8. 受溴腐蚀致伤：用苯或甘油洗濯伤口，再用水洗。

9. 被磷灼伤：应迅速用大量清水冲洗，然后用浸透1%硫酸铜的纱布敷盖局部，以使残留磷生成黑色二氧化三铜，然后再冲去。也可以用浸透25%碳酸氢钠溶液的纱布敷盖2小时，使磷氧化为磷酐，冲洗后，再用干纱布包扎。需要提醒的是，禁止用油纱布局部包扎，因为磷溶于油类，促使机体吸收而易造成全身中毒。

10. 苯中毒时，轻度患者表现乏力、头痛、头晕、咽干、咳嗽、恶心、呕吐、幻觉等；中度表现为酒醉状、嗜睡、意识障碍甚至昏倒；重度中毒可使意识丧失、呼吸麻痹死亡。急救时应立即转移患者到空气新鲜处，换去被污染的衣服，及时清洗被污染的皮肤。吸氧及注射肌肉呼吸兴奋剂。禁用肾上腺素，及时送医院抢救。

自动双重纯水蒸馏器的爆炸

作者：王　朴*

实验室手记

我所在的实验室是细胞培养室，而培养细胞时需要配制大量的试剂，对水的级别要求一般都比较高，先进的实验室可能采用超纯水系统，而我们实验室是使用自动双重纯水蒸馏器。

有一次要配置PBS缓冲液，而当时恰好是周末，平时负责制备蒸馏水的实验员老师休息。我们实验室的一位男同学只好自己制备，此人一向大大咧咧，胆大而心不细。可能是性格使然吧，见他亲自烧水我有点不放心的在一边看着，生怕出现什么问题。说实话当天他的状态还真不错，我看着他打开电源开关后向内灌水，当水位达到“水位器”出水口后，又按下了电源开关“A-On”，使其保持进水的状态，适当调节进水量。当A瓶中的蒸馏水进入B级的横式烧瓶，其水平面达出水口时，按下电源开关“B-On”……一切都是按照操作规程来的，等制好的双蒸水开始流出后，我原本悬着的心也放了下来。“时隔三日，刮目相看啊！”我拍了拍他的肩头说。随后他一人留在制液室，我去培养室换液了。我也是后来才知道发生了什么事，这位师弟根本就没在跟前守着，这也难怪，让他那样性格的人什么都不干就原地待命，实在是难事。他用容器接着烧好的蒸馏水就自行离开了。而准备室的另一个师妹那天正好要洗瓶子，我们实验室的所有水龙头全部是来自同一个进水管。当小师妹打开自来水忘我地刷洗瓶子的时候，也根本就没注意到准备室里正烧着蒸馏水。刷洗用的水龙头的出水量一变大，制蒸馏水的进水量自然就会变小。时间一分分的过去，蒸馏器的烧瓶渐渐被烧红，等师妹忽然发现时一下子就慌了。可能是从来没有见过被烧的这么通红的烧瓶吧，她下意识地开大了蒸馏器的进水量，结果砰的一声，烧瓶炸裂，师妹被开水烫伤！

点　评

实验室要用到各种级别的水。相对火、电来说，水的使用安全问题可能更容易被忽视。不同时间段用水量的改变会造成水压的明显改变，因而给一些用水蒸馏或者冷凝的仪器使用造成安全隐

* 王朴，广西桂林市卫生学校，541002

患。因此对于这些仪器，除了掌握操作要领外，还要切记有专人盯守，并尽量避免夜间或者假期在实验室单独一个人操作。

安全小贴士

目前，自动双重纯水蒸馏器在我国的实验室中还是相当普及的仪器，平时可能都是由专职的人员来负责，但是在假期偶尔需要实验人员自行制备双蒸水时，千万要注意以下几个要点：

1. 制备蒸馏水时一定要有人在场，并不时巡视，绝对不能离开。

2. 切勿待蒸馏水器烧瓶中的水被煮沸后，再开冷却水源。

3. 应随时注意水电的动态变化，尤其是在共用一个水管时。

4. 若发现横式烧瓶内的水被烧干甚至烧红时，头脑要时刻保持清醒，绝对不能放冷水降温，否则会引起蒸馏水瓶爆炸，很危险。正确的方法是应立即关闭电源，待其温度自然下降至室温时再重新按正常步骤操作。

5. 遇事要冷静，出现任何情况先断掉电源再想对策。

其他实验室用水安全主要包括：

1. 上水：水龙头或水管漏水时，应及时修理。

2. 下水：下水道排水不畅时，应及时疏通。

3. 冷却水：输水管必须使用橡胶管，不得使用乳胶管；上水管与水龙头的连接处及上水管、下水管与仪器或冷凝管的连接处必须用管箍夹紧；下水管必须插入水池的下水道中。

4. 纯净水：应按照“操作规程”进行操作；取水时应注意及时地关闭取水开关，防止溢流。

5. 发生意外断水时及时关闭水阀以及相关用水仪器的电源。避免恢复供水时发生事故！

危害的补救措施

1. 烧制蒸馏水过程中若出现任何问题，首先头脑要清醒，尤其是当发现横式烧瓶内的水被烧干时，应立即关闭电源，待其温度自然下降至室温时再重新按正常步骤操作。绝对不能用“水救火”。

2. 发生水灾时，注意电器的电源不要浸入水中，必要时，“救水”前先拉掉电闸。

3. 皮肤被热水烫伤时，如果是不太严重的烫伤，赶紧用大量冷水冲刷患部止痛，冲洗时间约半小时以上。记住不要使用冰块或冰水，以免使烧伤部位更糟；烫后起水泡时，注意不要使水泡破裂，用纱布轻盖，用冷水冷却或涂上烫伤膏，用纱布缠好。烫伤后切忌用紫药水或红汞涂搽，以免影响观察伤后创面的变化。严重的烫伤应立即送医院。

图片

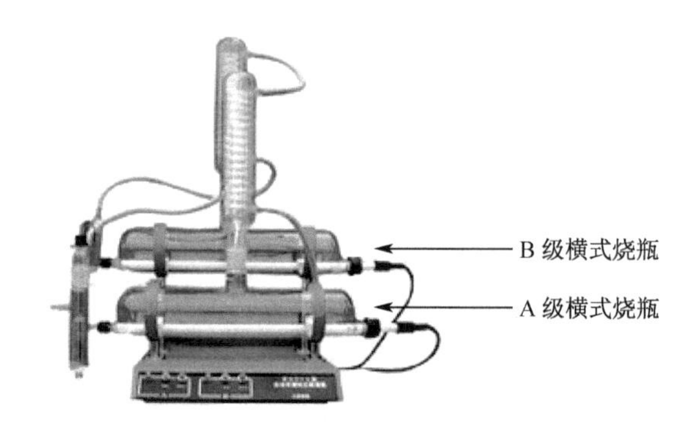

图 1　自动双重纯水蒸馏器示意图

细胞室里的惊险事件

——实验室用电安全常识

作者：lihai584

实验室手记

从研究生一年级下学期开始做细胞实验算起，到现在进入细胞房培养细胞已经一年多了，其中的小心翼翼和辛勤劳作，也只有自己清楚。

暑假那段时间，众所周知，武汉的天气相当闷热，而在炎热的夏天里做实验更是令人烦躁。尤其是在封闭的细胞房里，那简直就是一个蒸笼，虽然房间里安置了一台挂壁式空调，但是只能在实验前打开一段时间，在操作时因为怕空调的强风引起细胞房内空气强烈流动，所以只能开到最小的风速，对高温也只能是稍有缓解。

我每天在实验室里挥汗如雨，有时一个小小的疏忽会导致长期以来的辛苦白费，但是，总体来说，看到细胞们茁壮成长，还是十分有成就感的，当时最喜欢说的话就是："细胞是我大爷！"。

不过在细胞房发生过的惊险事件现在想起来还是心有余悸。细胞房的空调插头和实验室中的倒置显微镜用的是同一个插座。有一次插座坏了，当时急着做实验，没有细想就把电脑插座用来替代，结果在做实验的时候，突然听见师妹大叫，回头一看，才发现插头处烧起来了，火花四溅，冒烟很厉害。我赶紧戴上厚手套把电源拔了，仔细检查了一下显微镜，幸好没有受损，一场悲剧算是避免了，现在空调处还留有黑色印迹，似乎总是在提醒我要注意用电安全。

点　评

实验室用电的地方非常多，对于大功率电器一定要使用专用的插座，否则很容易把插座烧毁；对于一些精密仪器必须配备稳压器，否则很容易由于电压不稳定对仪器造成损伤；特殊仪器需要配备备用电源，防止意外断电带来不可挽回的损失。

安全小贴士

1. 养成良好习惯，每天离开实验室之前，仔细检查大小仪器是否关闭，电源是否断开：比如细胞房，培养箱电源是否正常，倒置显微镜灯光是否关闭，超净工作台电源是否关闭（有些情况需要过夜照射除外），离心机是否关闭，烘箱是否关闭等等；

2. 防止触电

不用潮湿的手接触电器。

电源裸露部分应有绝缘装置（例如，电线接头处应包裹绝缘胶布）。

所有电器的金属外壳都应保护接地。

实验时，应先连接好电路后再接通电源。实验结束时，先切断电源再拆线路。

不要擅自搭接电线，线路出现故障及时汇报并请专业人士处理，如果自己处理一定要采取相应保护措施。

不能用试电笔去试高压电。使用高压电源应有专门的防护措施。

如有人触电，应迅速切断电源，进行抢救。

3. 防止引起火灾

使用的保险丝要与实验室允许的用电量相符。

电线的安全通电量应大于用电功率。

经常检查线路是否老化、破损（老鼠所为），对于一些消耗品要及时更换；

室内若有氢气、煤气等易燃易爆气体，应避免产生电火花。继电器工作和开关电闸时，易产生电火花，要特别小心。电器接触点（如电插头）接触不良时，应及时修理或更换。

如遇电线起火，立即切断电源，用沙或二氧化碳、四氯化碳灭火器灭火，禁止用水或泡沫灭火器等导电液体灭火。

用电时插头和插座必须接实，如果松动或有打火声响，必须更换插座。

4. 防止短路

线路中各接点应牢固，电路元件两端接头不要互相接触，以防短路。

电线、电器不要被水淋湿或浸在导电液体中，例如实验室加热用的灯泡接口不要浸在水中。插电或打开用电器时，出现跳闸，必须查明原因，才能再接电。

如遇突发停电，一定要把大部分照明电、空调以及其他贵重仪器电源关闭，防止突然恢复供电时，所有仪器同时启动导致电流过大而发生短路。

5. 拉闸操作时要留人看守拉下的电源开关，或者挂上“正在检修、请勿合

闸”的警示标牌。

危害的补救措施

1. 用电危害可大可小，小则损坏仪器，大则出现生命危险，难以补救。一定要防患于未然，小心谨慎防止危险发生。

2. 电闸旁准备“正在检修、请勿合闸”的警示牌，需断电操作时一定要挂上警示牌。

图片

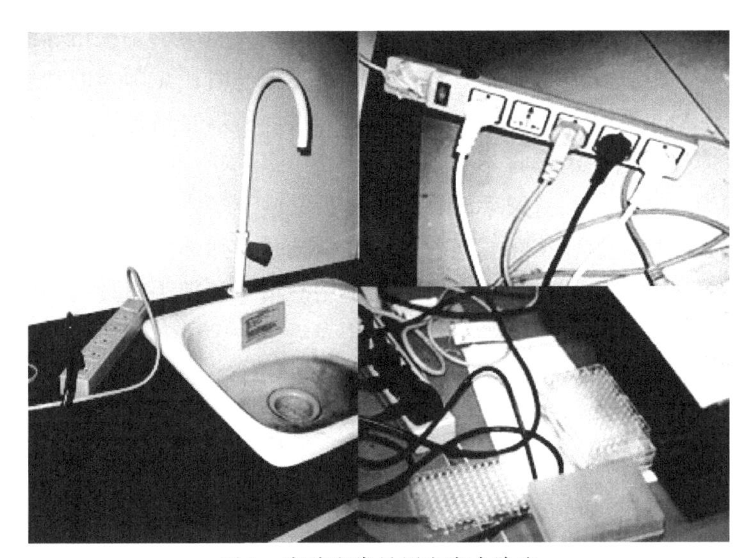

图 1　实验室常见用电安全隐患

酒精灯惊魂

作者：我是木爪

实验室手记

研究生一年级的时候，我在跟着师姐观摩学习了一段时间细胞培养之后，终于无比激动地开始了我人生中第一次培养细胞。

其实我是一本正经的，起码是把平时所见师姐的动作先印在脑子里才开始的，而且因为是第一次，所以我格外地小心翼翼。

紫外、通风、酒精消毒自不必说了。

我认真地找来了一幅薄膜手套戴上，然后又戴上了一付橡胶手套（已经忘记了当时是怎么想的，为什么还要两付手套，估计是对那癌细胞心怀胆怯……）

戴上手套之后，我怕毒消得不够彻底，用酒精喷壶把手喷过，又用饱满的酒精棉球擦拭了三次。我再把培养瓶用酒精喷壶喷了一个通底，然后拿进超净台之后再用饱满的棉球擦过三次。所谓饱满就是拎出一个棉球，酒精还在哗啦啦流的那种……

都擦过了，应该没有什么细菌之类的了，我放心地把瓶口对准了正在燃烧的酒精灯。

当把瓶口对准火焰之后，因为整个瓶身全部都是未挥发的酒精，于是一下子烧的不只是瓶口了，整个瓶身都烧了起来。

这其实不是关键问题，关键问题是我手套上的酒精根本还没挥发干，或者说还是湿淋淋的！

火焰迅速在手套上蔓延开来，但我怕弄坏培养液，还小心地放下培养瓶，用燃烧的双手握住瓶子以求熄火……

当我终于意识到该急救一下燃烧的手套的时候，橡胶已经燃烧完，接着到了薄膜了，那薄膜一受热，简直成了燃烧的502，直接沾到手上，怎么弄都弄不下来。

幸好我实习的时候什么都没学到，就记住了某位老师告诉我们遇上烧伤，先用冷水冲洗。我在痛得火烧火燎、顿足摇头中，用不怎么冷的水龙头冲洗了40多分钟之后，终于把手上烧化的薄膜冲下，然后抱着实验室－20℃冰箱里面的瓶瓶罐罐降温……

尽管抢救及时，但我的双手的大鱼迹肌、食指尖、食指下、手背还是有多处起了水泡。

十指连心啊，那个痛……当时我差点晕过去，现在每次想起来都还是战战兢兢，以后再也不敢如此做事莽撞了。

点 评

酒精灯是微生物及细胞培养实验中常用的工具，尤其对于新人来说，出于“保险”起见，物品和手（套）常常用大量酒精擦拭消毒后再靠近酒精灯灼烧，而酒精易挥发，液态和气态均极易燃，同时酒精燃着的火焰呈淡蓝色不易察觉，因此酒精未挥发干净而直接靠近酒精灯是最危险的举动之一，轻者物品点燃引发火灾，重者累及实验者人身安全。

安全小贴士

1. 在开始实验前，应首先检查酒精灯中的酒精（应不少于酒精灯体的 1/3），评估其是否够用，如果不够应在实验开始前及时添加（酒精的加入量应为酒精灯体的 2/3 以下），切忌向点燃的酒精灯内添加酒精。正确方法是灭掉火焰后用漏斗加入。

2. 点燃酒精灯时建议尽量用火柴，不要用气体打火机，更不能用燃烧着的一台酒精灯去点燃另一台。

3. 正常情况下，酒精灯是酒精的气体在燃烧，故灯芯通常不会消耗太快，若发现灯芯消耗太快就要调整灯芯裸露在外的长度，使它缩短；否则棉芯燃烧易产生黑色的炭灰，且焰温也会降低。

4. 一些易燃的废弃物如报纸、牛皮纸及擦过手的酒精棉，要及时清理到外面的垃圾桶而不是放在台面上。

5. 用 75％酒精擦拭消毒的物品在酒精未挥发完全以前切勿靠近燃着的酒精灯。

6. 熄灭酒精灯要先盖一下盖子，然后迅速拿开盖子，熄灭了之后再把盖子盖上。假如一下把盖子盖上，由于温差和封闭的原因，会在灯心上产生水蒸气，久而久之会使灯芯不易点着。

7. 酒精灯不用时，切记盖子一定要盖上，只有在欲点火时盖子才应打开。因为任何时候移去盖子酒精就持续挥发，若是酒精灯周围通风不良，挥发的气体会累积在酒精灯的周围，点火时很容易产生气爆现象而遭火焰灼伤。

8. 关于在生物安全操作柜内是否使用酒精灯的问题讨论请见细胞实验室章节。

9. 由于生物安全柜或者超净工作台内的气流流动，普通的酒精灯口常被烧裂，如不及时更换，易引起酒精溢出甚至直接引燃酒精灯内气体酒精导致爆炸，发生火灾。

危害的补救措施

1. 酒精起火时切勿慌张，关闭超净工作台的风机，就近以非易燃物品（如湿抹布、大烧杯等）覆盖起火点，或是以自身为准，由内往外从火的侧方盖下，切莫由正上方往下盖，以免灼伤自己。使之与空气隔离火焰即可熄灭，也可就近以水灭火（紧急时，PBS、甚至培养液也值得利用）。

2. 手上的乳胶手套起火：刚刚小面积起火时可把着火面在台面上拍紧造成缺氧灭火，并要在第一时间摘下手套，用大量冷水冲洗降温，然后去医院诊治。

3. 超净工作台内使用酒精灯推荐使用优质酒精灯，灯口不易被烧裂，可避免发生危险（如图1所示）。

图片

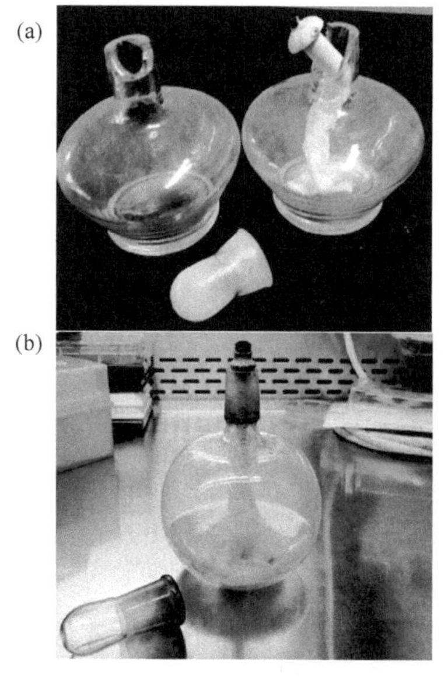

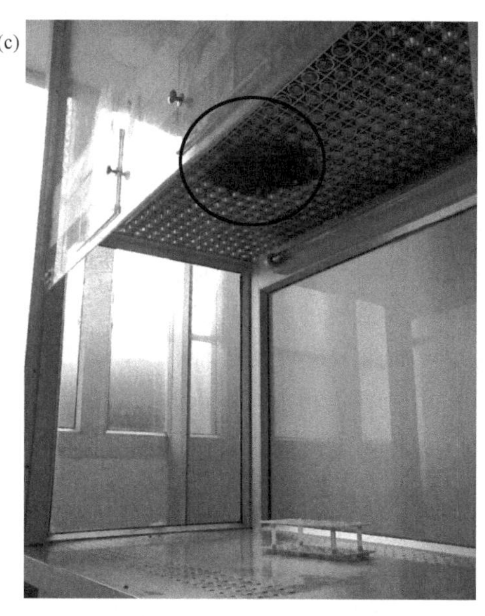

图1 (a) 为普通酒精灯，灯口极易被烧坏；(b) 为特制酒精灯，灯口不会烧裂；(c) 为酒精灯“一飞冲天”后在超净工作台上留下的痕迹

当心身边的“炸药库”

作者：lwinna

实验室手记

周末加班，我的一位刚参加工作不久的同事进行乙醚加热回流实验。已经到了中午吃饭时间，但如果停止实验可能会影响下午的实验进程，于是我们决定实验继续。出门前同事还特地检查了一下胶皮管的进水口连接处，因为以前曾经发生过胶皮管与进水口没有连接紧密，水压不稳造成脱落，自来水流入电热套，导致损坏的事故。看看自来水管也连接得很好，应该不会出什么问题，于是我们一起关上门到外面去吃饭。

这顿饭足足吃了一个多小时。吃完饭了，摸着鼓鼓的肚皮往回走，走到实验楼前就感觉气氛不对，我们发现窗户上的玻璃都散落在外，竟然消防车都来了！第一个念头就是：该不会是我们实验室出事了吧？赶紧飞奔到实验室一看，发现实验室发生爆炸，实验台附近已经面目全非了。据目击者称，当时一团火光冲出窗户5米以上，并伴有巨响，当时他拨打了119，幸运的是没有人员受伤，没有发生连锁爆炸和火灾。

经排查是由于自来水管无出水造成的此次事故。经调查所在地有人临时停水检修阀门而没有通知。很多事故都发于巧合，如果停水事先通知我们，如果我们没有离开，及时发现停水……可是现在说什么都晚了。事故已经造成了。

点　评

疏忽大意、重视不够、缺少经验是造成此次事故的主要原因，自来水管停水只是一个诱因。这次事件提醒我们做实验不能有任何马虎，尤其是在进行低沸点有机溶剂的加热操作时，人不能离开实验室，如果非要离开一定要暂停实验。

安全小贴士

实验室防止爆炸事故是极为重要的，因为一旦爆炸，其毁坏力极大，后果十分严重。除了易燃气体可能引起爆炸外，还有很多能够引起爆炸的因素，值得引起实验人员重视。

1. 随意混合化学药品，并使其加热、摩擦和撞击。如**苦味酸**（2,4,6-三硝基苯酚）受热、接触明火或受到摩擦、震动、撞击时可发生爆炸；与强氧化剂接触也可发生化学反应；与重金属粉末能起化学反应生成金属盐，增加敏感度。**硝酸铵**结块时，只能用木棍轻压，不能用铁锤猛砸或用石碾碾，以防爆炸。**叠氮钠**加热时发生爆炸的混合物：有机化合物/氧化铜、浓硫酸/高锰酸钾、三氯甲烷/丙酮等。

2. 易燃气体或者易燃液体蒸汽达到空气中的爆炸极限遇明火或者静电、火花会发生爆炸。如乙醚、甲醇、氢气、丙酮、乙醇、乙炔等。

3. 在密闭的体系中进行蒸馏、回流等加热操作也易产生爆炸。

4. 加压或减压实验使用不耐压的玻璃器皿，或反应过于剧烈失去控制时，易爆炸。

5. 高压气瓶减压阀摔坏或者失灵极有可能引起爆炸。

危害的补救措施

1. 对初次进入化学实验室的人员，在操作实验之前需要进行必要的安全培训。一定要明确何种实验不能离开人，如要暂时离开需要采取何种措施等。

2. 加热回流时一定要时时关注是否有水流出或者有冷凝液流回，也要注意胶皮管与冷凝管连接处，防止水压不稳造成脱离。

3. 危险物品存放处需通风良好、避免阳光直射、远离明火。避免在实验操作室内大量存放易燃易爆化学品。装卸、搬运中注意轻装轻卸。

4. 有易燃易爆潜在危险的实验室内应防止电源插头插拔引起的火花；禁止穿金属后跟的皮鞋以防止撞击地面产生微小的火花。禁止在实验室内给手机充电。

5. 少量爆炸品含水量较高时可不按照爆炸品处理，如苦味酸溶液或者含水量大于35%时。包装单位较小时，如叠氮钠，可只作为无机剧毒品运输。

图片

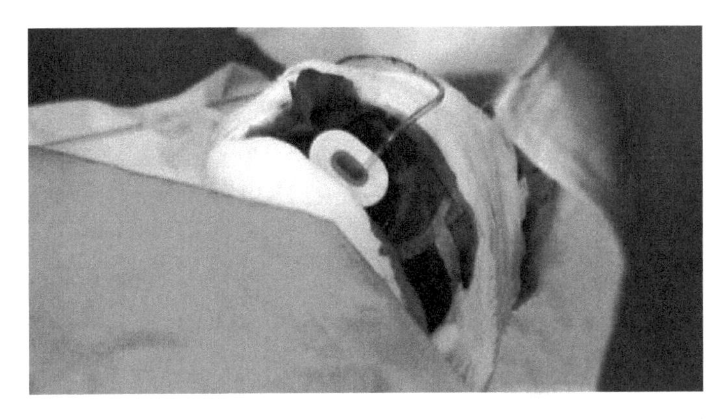

图 1　2008 年 7 月 11 日，云南大学北院云南省微生物研究所 5 楼 510 实验室，一名临近毕业的博士生在配制硝酸类药品时发生化学爆炸。该名博士生被严重炸伤，其受伤的左手可能将面临被截肢的危险。

（图片引自新华网）

参考文献

1. 庞俊兰，孔凡晶，郑君杰. 2007. 现代生物技术实验室安全与管理. 北京：科学出版社

“常在河边走，哪能不湿鞋”

——当心实验室里的职业暴露

作者：along911811

实验室手记

我所在的实验室是药化实验室，优点是器具齐全，各种实验用仪器、器皿都有；但是唯一没有也是实验室最大的缺点是：通风条件太差了，窗户是推拉式的，总有一半是封闭的，通风筒的抽气机声音很大，效果却很差。层析缸、三角瓶、试剂瓶、层析柱全都开口向上，各种试剂的味道散发在室内，混成一股很让人难以忘怀的气味。对身体有没有害处，有什么样的害处，现在还不知道，但冬天在实验室里明显会感觉到有点头痛。

有一次实验室里有人用吡啶，那个味道，我在第一次闻到时把它想像成了某种家乡特产食品的味道，后来师姐一指点才知道它的害处还不仅仅在于难闻，还有其他深远影响。

之后我就费力收集了各种实验室安全指南，着重于试剂毒性方面，打出来贴在墙上。再一看，嗨，有毒有害的试剂太多了！原来所用试剂里面除了水、乙醇、石油醚以外没有一个好东西，久而久之索性也就不太注意了。

实验室里有几盆绿色植物，仙人掌、吊兰啊等等，居然养了相当一段时间，还绿油油的、硬挺挺的。可是导师从台湾搞来的一盆不知道属种的肉质茎植物还没养一周就枯萎死烂了，导师心疼得不得了，猜测是氯仿害了它。

实验室空间拥挤，工作台“占地”有限，难免三角瓶上面蹲放个小圆底烧瓶。小的可以，大的就危险些，容易倾倒。我记得很清楚有一次我利用反相柱分离得到了纯品 46mg，刚刚称完重，溶了之后准备转移结晶，就先蹲放在三角瓶上，我跑到旁边的电脑旁做记录。字还没写几个，就听到窗帘扑打了一下，一声清脆的玻璃碰撞声随之而来。天哪！我狠狠地给了自己一巴掌，那个圆底烧瓶带着三角瓶都倒在台上了……

后来用尽办法才把倒掉的纯品捡起来，再一称，多了 18mg！惊喜吧，怎么捡起来的？先用滤纸吸溶液，在洗滤纸，多吸几次，溶液干了就加点上去溶。

后来想想，如果不是非要开窗，也就没风进来，瓶子可能就倒不了；或者台面够大，不堆得那么满，平时有机会擦擦台面，也就不会多捡那么多杂质灰尘；最后还是恨自己粗心大意，几周的实验成果险些泡汤。

点 评

“常在河边走，哪能不湿鞋”，实验室里有太多毒性物质，每天接触，是逃避不了的，但不能因此而麻木。尤其很多毒性物质的危害是长期积累才能显现出来的，身体是自己的，不能为了一时的方便而大意，如果真的酿成大错，悔之晚矣！

安全小贴士

实验室常见的职业暴露包括：

1. 微生物或者细胞实验室操作人员接触微生物、感染病毒的细胞。

2. 放射性同位素实验室操作人员受到电离辐射。

3. 药物化学实验室工作者长期吸入挥发性试剂。

事实上，根据实验室级别不同，个体防护的要求不同，但是实验室基本的防护措施和原则有：

1. 工作时应穿工作服，戴防护眼镜；工作服不得离开实验室。

2. 工作人员手上有皮肤破损或者皮疹时戴手套。

3. 手可能接触感染材料或者经皮吸收的有毒、有害物质、污染的台面、仪器设备时应戴手套。不得戴手套离开实验室。使用电话、计算机等进行文书工作前，脱掉手套。

4. 当不能将气溶胶限定在一定范围内，或者在通风橱以外地点使用挥发性刺激性试剂时，应使用呼吸保护装置，如各类型口罩。

5. 实验室洗手池要严格区分洗手和实验用途；并禁止倒入任何实验废弃液。

6. 如果接触人的原代细胞，尤其是血细胞，操作者最好事先注射乙肝疫苗。

危害的补救措施

实验室慢性的毒性危害要以防护为主。牢记实验室急救的常识，一些急性的突发事件发生时，首先要冷静，根据毒性物质性质有针对性进行初步急救，处理后送医治疗。

“潘多拉的盒子”

——实验废弃物的处理

作者：along911811

实验室手记

三年的硕士研究生生涯有一件事让我记忆深刻。

我们实验室有位年长的实验老师，一直都很照顾我，可以说我所有实验技术都是向他请教的，而且无论我有多可笑的问题，他都能一一耐心地帮我解答，并且帮我分析和指正实验中的错误，从来没有发过脾气。但有一次在一个与实验步骤本身无关的细节上，这位恩师异常严肃地给我上了一课。

我的实验课题需要进行 Northern Blot。第一次在制备 Northern Blot 所用的变性胶时，我等了很久，胶都没有凝固，所以我按照之前做 SDS-PAGE 的经验，认为配胶过程中可能出了问题，顺手就把没凝固的胶倒进了洗手池，准备重新配一次。这一幕正好被这位老师看到了，他非常生气地教训了我一顿，并且异常严肃地告诉我，实验所产生的废物在倾倒前都应该进行特别的处理，变性胶含有甲醛和 DEPC 等有害物质，像我这样随便倒掉，不止是对我自己、对实验室的其他人，甚至对附近的居民都可能造成危害。分子生物实验中许多的常用试剂对人体都是极其有害的，不仅在操作过程中应该格外小心，同时，在废料处理上也应该特别谨慎。

之后好一阵，老师在我做实验时都“全程陪同”，尤其在使用同位素的时候，更是恨不得多长两只眼睛盯住我，生怕我一个疏忽，这些放射性的材料污染了实验室其他仪器设备。我自知理亏，每次实验都小心翼翼，实验完毕把实验台清理干净，废弃物严格按照要求合理处置。终于没再“闯祸”，顺利地做完了课题，

点　评

生物学研究的终极目的是为了造福于人类的健康事业，但我们不能因为对未知的科学进行研究而打开潘多拉的盒子，将危害引入周围环境。如果在研究的过程中因为研究者的疏忽和大意而造成环

境的污染，进而危害人们的健康，那将是一个莫大的讽刺。

安全小贴士

实验者不仅需要在实验过程中采取适当的保护措施，同时在实验结束之后对实验过程中产生的可能含有有害物质的废液废料也应进行妥善的处置。一般而言，实验室应该对废液进行基本的分类，收集在废液罐中，交由相关的废液处理部门或者专业公司处理。

1. 感染性生物材料：即使是无害的工程菌，其携带的具有抗性基因的质粒也会造成耐药性的传播。因此，为了避免这些有害生物污染的扩散和传播，细菌和细胞培养所用的各类培养基和相关实验废料，在弃置之前必须经过符合规定的高温灭活处理，最大限度降低这些废料对环境的危害！感染性材料都应该在防渗漏的容器里高压灭菌，在处理以前，感染性材料装入可高压的黄色塑料袋。高压后，这些材料可放到运输容器里以备运输至焚烧炉。可重复使用的运输容器应防渗漏，并且有密闭的盖子，这些运输容器在送回实验室重新使用前要消毒并清洗干净。

焚烧是处理污染物（包括宰杀后的实验动物）的终末步骤，污染物的焚烧必须取得公共卫生机构和环卫部门的批准，也要得到实验室生物安全员的批准。

2. 非感染性生物材料：

①单克隆抗体、质粒、细胞等非感染性生物材料集中放置在实验室里指定的位置，以备高压蒸汽灭菌后废弃；

②用来盛放的容器应使用消毒液浸泡；

③严格与感染性生物材料区分，防止二者混放；

④过期的生物性试剂材料应废弃，禁止使用。

3. 有毒、有害化学物品：

①强酸、强碱等化学物品必须经过中和反应后，消除其腐蚀性，方可废弃；

②其他的液体废弃物必须经过足够的稀释后，对环境与人体无害后，方可废弃；

③其中含有有毒、有害化学物品的试验材料在使用后应置于带有明显危险标志的容器内，送至指定地点统一处理。

4. 放射性同位素：

①使用溢出盘，内衬一次性吸收材料；

②在辐射区域、工作区域以及放射性废弃物区域设置辐射源的隔离防护装置；

③工作结束后，用辐射计测量工作区域、防护服和手的辐射情况；

④需要废弃的放射性同位素不应被随意携带出专门的实验室；

⑤在保证密封的情况下，穿戴全套防护服将其送至指定地点，途中务必防止泄漏；

⑥在当日实验记录中正确记录放射性物质的使用和处理情况；

⑦要经常从工作区域清除放射性废弃物；

⑧要筛查超过剂量限度物质的剂量测定记录；

⑨要彻底清洁受污染区域。

5．一般垃圾：

无生物或化学毒害的纸类、玻璃碎片等，应配合后勤工作放入分类容器进行资源回收。

6．锐器：

①使用后的注射针头不应再次使用；

②完整的注射器应装在防刺透利器盒里，并且不能装满，当装至容积的 3/4 时就应放入“感染性材料”容器里拿去焚烧；

③利器盒不许混入垃圾中；

④一次性注射器应该放入容器里焚烧，必要时要先高压灭菌后焚烧。

图片

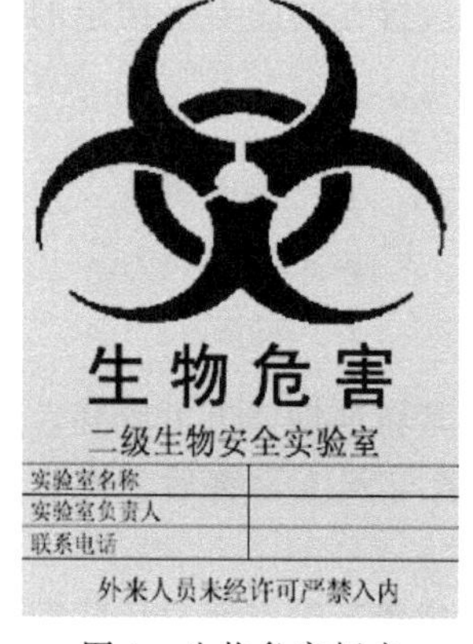

图 1　生物危害标志

图 2　原国际辐射标志

图 3　新电离辐射标志

注意：2007 年 2 月 15 日起，新国际原子能机构（IAEA）和国际标准化组织（ISO）启用了新的电离辐射标志。

No Food or Drink!

作者：赵　强*

实验室手记

“有人中暑昏倒了!”，随着一声喊，所有人都放下手头的事情，往出事地点跑去。大家七手八脚地把人抬到楼下，送往曙光医院抢救。倒下的人轻度昏迷，并伴有呕吐症状。因为这几天很热，大家都以为她是在实验中中暑了，其实不然，这位是在实验室吃了被污染的食物，才导致中毒昏倒的。

原来中毒的是位刚毕业的学生，在学校时就喜欢在实验室吃东西，上班后还没改掉这种习惯。因为刚拿到第一个月的工资，比较高兴，昨天就和几个朋友吃饭、唱歌，玩了个通宵。今早没来得及吃早餐，就直接把早餐带到实验室，随手放到抽屉里了。到十点左右估计是饿的厉害，就把抽屉里的吃的拿出来吃。因实验室严禁吃东西，试验又走不开，没办法她只有偷着吃。咬一口然后把吃的放到抽屉里，等吃完了嘴里的，拿出来接着咬下一口。而且是吃的很警惕，怕被安全员看到处罚。可万万没有想到，这样“警惕”还是中了毒，因为她最近在做蛋白质电泳实验，所以丙烯酰胺、DTT 等相关试剂都集中放置在一起，她自己对这些有毒的试剂也没有安全意识，做好实验后就把一些试剂往抽屉一放。结果今天的早饭就这样被自己昨天的随手一放给污染了。

据有经验的人说，DTT 最多让人呕吐、腹泻等，一般不会让人昏倒，可能是她熬了通宵身体本身也差，所以才会导致她误食后有些昏迷。还好中毒后被及时发现，送到医院抢救。因事情处理的及时，总算没有什么后遗症。

点　评

在国外的实验室，一般门口都有很大的警示牌“NO FOOD OR DRINK”。一旦有人违反规定，可能受到停止进入实验室的严厉惩罚，而国内实验室中禁止吃东西的意识还很淡薄。公司里一般会规定严格一些。因此不仅是高校实验室里要强化这个意识，也要提醒刚参加工作的人员，不能把在学校实验室中养成的一些不良习惯带到你的工

* 赵强，上海睿智化学研究有限公司，201203

作中，更不能有侥幸心理！

安全小贴士

1. 实验室的规章制度一定要严格遵守。

2. 实验室是严禁吃东西的，实验中更不能吃东西。如果抱有侥幸心理，不只是对试验不负责，对自己更是不负责任。生物实验中的多数试剂均对人体有害。如果发生中毒事件，往往难以第一时间查明中毒原因。

3. 实验室内喝水，建议使用有盖的杯子。

4. 有些实验室另外开辟有休息区域，可以上网、写实验报告、吃东西、喝水等等。注意严防实验区的实验材料、实验服和实验记录等污染休息区。

5. 实验完毕及时洗手，有条件的话，提倡洗一下脸。

6. 实验室冰箱、微波炉、烘箱、灭菌锅等严禁用于食物的储存、加工等。

图片

图 1　国外的 No Food or Drink 标志举例

冰箱并非“保险箱”

作者：原　雪

实验室手记

每一个实验室都会有很多冰箱，普通的，低温的。每个人每天都会无数次地用到冰箱，但是并没有人重视过它，因为它太普通了，而且价钱也不贵。但是实际上冰箱却是个非常重要的东西，因为我们贵重的实物物品都要靠它来保存。这种重要性却在我们意识上往往被忽略，使得关于冰箱的教训太多太多。

有一次，放假回来，我们进行了一次彻底的大扫除，结果不知道是谁不小心把水弄到了冰箱后面地上的插线板里，当时没有什么事情发生，大家也没有留意，但后来可能水浸到线路引发了短路，使得实验室的电源全部跳掉，所有的冰箱都断了电，等有人发现的时候冰箱都快恢复室温了，而在－20℃条件下冷冻的好几万块钱的细胞因子和抗体早已经融化。后来为了保证这批价值不菲的东西不再化冻，特意将它们移到了另一个比较安全的冰箱里，以为可以避免这样的停电事故。结果，这个被我们认为是“保险箱”的冰箱的插线板电源是从某个柜子的后面绕过，插到了桌上的一个不起眼的插座上，这个插座旁边还有一个小型的摇床和一个电泳仪，分别都有一堆线。一般来说电泳仪只是放在那边，没有人在那跑电泳，可是有一天偏偏就有人在这个电泳仪上做实验，发现没有空的插座了，然后看到那边的摇床，以为插着的那个插座是摇床的，所以就拔掉了，接上了电泳仪，跑完了后也没有及时地换回来，等到第二天才有人发现那个冰箱的指示灯没有亮。这样价值好几万的细胞因子和抗体被冻融了两次，也不知道还有多少活性，唉！

类似的事情还发生过好几次。比如有一次也不知道是谁不小心在4℃冰箱放东西的时候撞到了右侧那个调整制冷效果的旋钮，正好给撞到了0上，导致冰箱停止制冷，－20℃下冷冻着的珍贵的患者血清为此化冻了一次，至于活性是否受损还有待检测。还有一个－20℃冰箱可能用的时间久了，冰箱门密封性不是太好，尤其当冰霜结多了，就容易关不上，经常早上来实验室就会发现那个门是虚掩着的，里面的温度自然也不是－20℃了。还好大家都知道，也就不往里面放什么重要的东西。

其实这些还只是试剂方面的损失，冰箱使用不当还可能会发生爆炸。这个事故虽然不是发生在我们实验室，但是在这里还是给大家提个醒：1985 年 4 月 14 日下午 2 时 45 分，宁波市激素制品厂的一个电冰箱内就是由于存放乙醚而发生爆炸，当时突然听到“轰”的一声巨响，好端端的电冰箱炸成了“开口笑”，一些玻璃仪器被炸坏。有一名工人听到爆炸声，情急之中从二楼跳下来，造成双手骨折。原因是普通冰箱的温度采用自动控制，当箱内温度低于额定温度时，电源自行切断；箱内温度高于额定温度时，电源又自行接通，由于电冰箱内开关跳动频繁，开头触点的双金属片时断时通，在电源接通或断开时，控制元件的触点上经常会迸发出电火花。电火花遇上易燃液体蒸汽便会发生爆炸。同时，由于冰箱是处于近似密封状态的，减压条件差，因而一旦发生爆炸，它的威力比空间爆炸大得多。所以少量易燃液体挥发形成爆炸混合气体爆炸，就可能造成严重的破坏。

点　评

冰箱看似普通，但重要的试剂、样品都存放于此，一旦出现事故，损失往往难以弥补！

安全小贴士

1. 有条件的实验室应该把冰箱的线路和其他的线路分开，这样在停电时可以方便地接到备用发电机的电路上。冰箱的线路应该尽量简单，如果使用插线板，应该在插线板上和插线板的插头上贴有警示标志，提醒不能随意插拔。冰箱的插线板尽量不要和别的仪器共用。

2. 冰箱应该尽量购买外面有温度显示的，这样可以及时发现温度异常。冰箱里可以调节制冷效果的装置旁最好不要存放物品，或专门隔离起来，防止意外碰到而导致冰箱不制冷。

3. 冰箱里要摆放整齐，便于寻找，多人使用的冰箱最好能有定做的盒子/抽屉，专人专用。避免长时间打开冰箱门找东西，这样可以防止结霜（对于低温或者超低温冰箱来说），也能防止翻东西的过程中遗洒一些东西在外面。

4. 普通冰箱禁止存放低沸点、挥发性试剂，如乙醚、二氯甲烷（CH_2Cl_2）等。可采用专业的防爆冰箱或者冰柜，因为冰柜的打火装置设计是外置的。实在

条件所限，低沸点试剂一定绝对密封，平稳放置。发生断电事件后，把冰箱门敞开一段时间再重新接通电源。

5. 冰箱定期清理过期或者长期无人使用的试剂。如细菌培养物在4℃存放一个月以上基本上已经没有生长活力，应及时处理。实验室冰箱绝对禁止存放个人食品！

6. 冰箱应该及时除霜，防止结霜而影响冰箱门的开关，从而影响温度。除霜时不可采用尖锐物体，以免损坏箱体，应移出全部物品后敞开冰箱门自然解冻或者用适量热水浇注加速冰霜融化（注意防止水漫出造成“水灾”）。

手提式高压灭菌器的使用问题

作者：王　朴

实验室手记

记得我刚进实验室做细胞培养时对高压灭菌器这个家伙心里有点犯怵，可能是由于以前听别人说过某某用高压锅做饭的时候高压锅爆炸，饭都喷到了屋顶上，所以我第一次见到手提式高压灭菌器时就很小心。师兄也教了我怎么用，主要是灭菌前一定要看看水是不是足够量，每使用一次一定记得加水，然后消毒前先将排气阀打开，等水蒸气将冷空气喷出后就关闭排气阀。设定好时间和温度，就 OK 啦。我用了几次也安然无恙，心里就大意了。

一次正当我在高压锅里放已经打好包的实验饭盒时，手机响了，我匆匆地将包放入高压锅去接电话。等我把高压灭菌器的盖子盖上，将螺丝拧紧后就去机房找资料了。我早把灭菌的事情忘了，整理着电脑中的资料心里总感觉怪怪的，忽然闻到了烤焦的味道，我还以为是电脑发出的，接着又听到了嗤嗤的声音，猛然间才想起自己还在灭菌，拔腿就向消毒室跑去，一看，吓得我半死，高压锅盖与锅体连接处正嗤嗤的向外冒着水蒸气，房间里早已充斥着烤焦的味道！我赶紧关掉电源，等压力降为零后打开锅盖发现包着饭盒的包布早已经烤糊了。里面的水马上就要烤干了。幸好没出大事！事后分析原因：在上螺丝的时候高压锅盖和锅体没有对齐，虽然六个螺丝能扣上，但还是留了缝隙。

点　评

做实验无小事，看似很简单的一个事情，如果不认真对待还是会酿成严重后果。做任何事情都要有始有终。

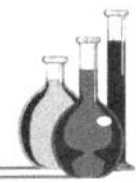

安全小贴士

在使用高压灭菌器时，一定要注意：

1. 有些材质的塑料不能高压灭菌，操作前请确认。灭菌时容器的盖子要松开，以免瓶中压力增大，塑料离心管盖子太紧灭菌后空气骤冷时真空会造成离心管变形。

2. 某些成分的溶液高温高压灭菌会造成物质沉淀、变色和分解，灭菌前请确认该溶液的正确除菌方式。

3. 灭菌的溶液在试剂瓶中不能装得过满以免中途喷洒。

4. 使用前一定要亲自看看锅内的水是否足够。

5. 将高压锅盖和锅体对齐后才能扣上螺丝。

6. 等待热蒸汽排出冷空气的过程中不要走开干别的事情，一定要等蒸汽排出将排气阀打下后才离开。

7. 建议根据灭菌所需时间设置定时器，及时提醒操作者。

8. 消毒完毕等压力降为零后才能将排气阀打开放气，不能急于排气，人为降压，否则会造成已灭菌的 PBS 等液体重新沸腾甚至喷射出。

9. 取出已消好毒的物品时一定要带好手套防止烫伤。

10. 平时注意保护好高压锅盖的垫圈，注意是否有异物粘连，如有异物要及时清除，否则会导致蒸汽泄漏。

危害的补救措施

如果不慎在实验室发生险情，应立即采取以下措施：

1. 若有声音发出，闻到气味，冒烟，请立即切断电源。排除异常后才能使用。

2. 关闭电源后不能急于打开锅盖，一定要等压力降为零才可以继续操作，避免造成人员伤亡。

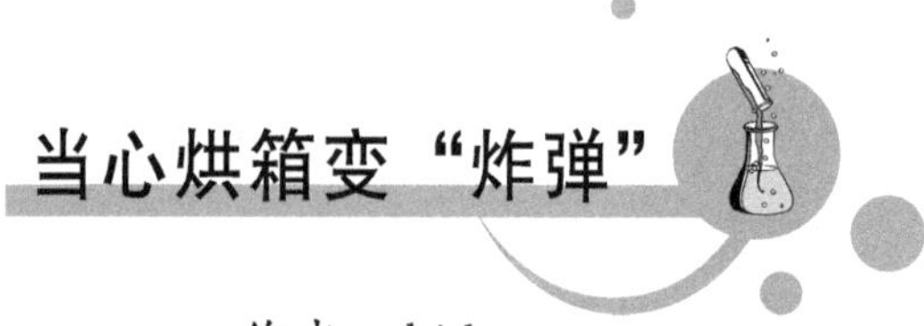

当心烘箱变“炸弹”

作者：kidant

实验室手记

我是从事制作制剂工作的，一般来说这是个比较安全的工作，特别是做普通制剂，感觉上应该是没有危险的，平时在一些比较大的问题和一些原则性的问题上，比如配溶液、加热、操作机器等方面我也算个比较细心的人，很注意安全问题。但事故往往出在一些小地方，最容易忽略的地方才是最大的安全隐患！

2005年7月份，中试车间在我们这里做一个中药浸膏片的中试，因为黏性大，所以用的是高浓度乙醇制粒，然后再烘干、整粒、压片。他们小试的时候重复了几十次的工序早已驾轻就熟，所以习惯性的开始重复工作，为了方便，制软材前就先把烘箱打开预热，温度是60℃。我们的烘箱很大，内部空间能有$2m^3$，小试的时候烘干过程很快半个小时就可以了。中试的量比较大，在烘箱里塞满了湿颗粒，大大小小有十几盘，看着他们关上烘箱门后我就去办公室等时间了。刚进办公室还没2分钟，就听见一声巨响，当时的感觉就像是在地震。赶快跑到实验室去看，天哪！实验室的防爆板全飞了，铝合金的天花板支架扭曲变形，烘箱的门竟然也炸飞了，要是当时前面有人肯定“报销”了！烘箱里着着火，满屋子都是石棉粉（烘箱隔热层的）。我们领导第一个冲了进去，先把电源关了。我赶紧跑到门口拿了个灭火器进来，正看见一个试验员端着盆子准备往里面泼水，我赶紧让他住手。先用灭火器灭了火，然后告诉他：“算你命大，要不是领导先关了电源，这380V的工业电压说不定就能要了你的命！”

事后虽然开了会，对相关人员进行了处理，但现在想想一直都后怕，要是当时里面有人可就出大事了，40公斤重的铁门都炸飞了，要是有人在前面真不敢想像！还好当时试验员动作麻利，三下五除二擦完试验桌，搞完卫生就出来了，要不然肯定有人员伤亡。

事后分析了一下，事故原因是烘箱内的乙醇气体浓度太高，而烘箱的排风装置来不及排除多余的乙醇气体，以致达到了爆点浓度，而当烘箱的自动控温装置开始运作时产生的电火花就是爆炸的导火索，还好当时整个房间是通风的，要不然房间里乙醇的浓度也高的话那可就不是这样的“小”事故了。

这件事之后我养成了一个习惯，前10分钟不关烘箱门！虽然夸张了点，但是安全第一啊！还有就是出事一定要镇定，要不是领导先一步去断电，可能还会有更可怕的事发生。后来问过领导，他以前经历过类似的事，所以当时第一个念头就是先断电（因为没有气）。当时还有个小插曲，公司虽然消防设施齐全，可是从来没教我们用过，事故发生时还有个同事和我一起去拿的灭火器，但他始终没搞明白怎么用，等我把火扑灭了他还没把保险栓拔出来呢。看来消防用具真是不能光当摆设啊！

点　评

实验室中无小事，再小的事也能出大事故！这次事故的原因从原理上来看是因为乙醇浓度过高达到爆点引起的，但仔细分析一下却发现实际上事故的根本原因是实验中的一些不良习惯引起的，一般对含可燃性液体的物料进行干燥时要禁止使用明火进行干燥，而我们的烘箱因为使用时间较久，内部有些裂缝，使得自动控温的触点与烘箱内部形成了空间连通。当预先对烘箱加热后，使得物料进入烘箱后短时间内乙醇大量汽化，而此时烘箱的排风装置又来不及排除这么多的乙醇气体，就使得浓度积累到了爆点的浓度，当自动控温的触点开始工作时产生了电火花，成为爆炸的导火索。

安全小贴士

1. 烘箱严禁烘焙易燃、易爆物品；含有这类物品的物料进行干燥时一定要避免明火，另外要保障室内和加热器具内的空气流通，最好在开始加热阶段敞开加热仪器的门，当易燃、易爆品挥发一部分后再进行封闭操作。

2. 使用烘箱时注意底层散热板上不能放置物品。

3. 烘箱内物品不要塞得过满，以免影响热气流流通。有鼓风的烘箱使用时必须将鼓风机开启。

4. 当烘箱进行高温烘焙时（如200℃以上），严禁直接打开箱门。冷空气突然进入可能使玻璃门及烘箱内玻璃制品因骤冷而破裂。

5. 利用烘箱进行干热灭菌需要温度达到160～170℃，2小时。注意如超过180℃，包器皿的纸或者棉塞会燃烧。只用于烘干，则在60～80℃即可。烘箱温控系统出现故障会导致温度不断升高，因此烘箱使用时需有人值守，严禁过夜使用烘箱。

6. 如烘箱发生火灾、爆炸等事故，首先要关闭电源，烘箱内着火不能打开烘箱门，否则进入新空气有助于物品燃烧；需等待其自然降温。对于实验室内的火灾慎用水作为灭火工具，因为实验室内的很多物品着火后遇到水无异于火上浇油。

危害的补救措施

虽然怕出事故，但一旦真出了事可就不能怕了，要沉着冷静，以最佳的方式来处理。平时多进行安全知识教育是很有用的，虽然没出事的时候感觉没有什么用，但是一旦真出了事才知道平时的安全教育是能救命的。

图片

图 1　烘箱底层温度过高，导致烘箱内纸类燃烧、塑料制品熔化

（图片由 shootingstar98 提供）

硫酸洗手有点疼

作者：王　鑫*

实验室手记

今天又要去酸缸捞取器皿了。每次我都害怕浓硫酸，但又不得不静下心来面对。

戴上那幅用了很久老师都没有舍得换的手套，我很是担心，总觉得今天会出什么事情。五天前我刚刚帮老师配好的浓硫酸还是很热，虽然隔着一层手套我仍感觉到了它的温度。

手指感到越来越热，特别是食指和无名指。我记得是检查过手套的，上午还有人用过，说是没有问题。所以，我的右手继续停留在里面，想等捞完了再拿出来，因为接触空气会越来越热，我希望少接触空气。右手在酸缸里面捞，左手接出来。手指越来越热了。我突然有一种不祥的感觉："坏了，可能手套是漏的，要不怎么食指和无名指比其他手指更热呢？"

我尽量抑制恐惧慢慢拿出右手，慢慢放到水池子里。本来想用清水冲洗掉上面的残酸，但是觉得手指真的不对头了，已经有点痛了。我尽快用左手脱去右手的手套。眼前的景象吓死我了：食指和无名指已经被烤干了，没有水分了，就像枯死的树枝！我浑身冷汗，脸色发白，下意识的把手放到水管下去冲洗……

左手还带着那个有残酸的手套，不敢乱动，怕残酸滴到其他地方。现在再去脱就麻烦了，而且接触空气后越来越热，我怕接触水会更热（后来知道，的确会更热，但还是应该冲洗，因为很快就可以冲掉，不会热多久）。大脑一片空白，就那么傻傻地站着，右手不敢离开水管，也不敢去看，怕自己会晕倒。

时间一分一秒的过去。我的恐惧一分一秒的加重。

后来有位同学过来看到我的手，问我什么我已经听不清楚了，只是听他说到外科。我就飞速地跑去医院的外科诊室。外科的老师们很平静地看着我的苍白手指和脸，非常耐心地听着我苍白的描述，然后平静地说："现在没有处理方案，回去继续冲洗。"我无语了，含泪默默回到实验室。

我在恐惧中度过了极其煎熬的一周，我的手指开始蜕皮，而且从干瘪到水肿再到饱满了。我的心情也渐渐恢复。实验室终于换了一幅新的手套，墙上还贴上

* 王鑫，滨州医学院附属医院儿科，256603

了操作注意事项。实验室也在改革了。

希望我的师弟师妹们不会再经历我的惨痛教训，不会再像我一样用浓硫酸去洗手了。浓硫酸不只是热，简直是烫手！

点　评

如何清洗实验室的玻璃器皿几乎是每位进入实验室的人必须学习的一课。而一些常见的器皿大多是用浓酸氧化剂浸泡清洗，操作必须极为小心。要戴加厚的橡胶手套，检查手套是否有破损，放入器皿和取出器皿时动作要轻，防止酸液溅出。否则，轻者受些皮肉之苦，重则导致残疾甚至生命危险。

安全小贴士

1. 一般情况下，玻璃器皿用“洗衣粉＋刷子”即可洗干净，不是都需要用洗液；但精密刻度的器皿如量筒、量瓶，不可用刷子。可借助超声清洗，效果很好。

2. 器皿内壁附有难溶物质时，根据附着物性质，采用酸性或者碱性溶液清洗；碘用乙醇浸洗；高锰酸钾沉淀物用浓盐酸；器皿内壁银镜选用硝酸；油污用热的纯碱等。

3. 清洗器皿前，如有可能要戴上防护镜，穿长袖长裤的衣服，不可穿拖鞋。

4. 把需要清洗的器皿收集整理好，就近清洗桶摆放，减少在清洗桶附近的活动。

5. 手套最好是加厚加长的橡胶手套。检查手套是否有破损，如有薄弱处要更换手套，不可存侥幸心理。

6. 往清洗桶放器皿时，要将器皿慢慢沉入酸液，不可随手一丢；取器皿时动作也要轻柔，慢慢捞起，停留片刻以便器皿上的酸液滴回，方便水管下的冲洗。

7. 水管冲洗时，水流不可过急激起水滴溅到各处，造成腐蚀。

危害的补救措施

发生浓硫酸之类的强酸烧伤可先用干布（纱布或棉布）把皮肤表面酸液擦拭干净，然后用大量清水冲洗 20 分钟以上，再用冰冷的饱和硫酸镁溶液或 70%酒精浸洗 30 分钟以上；或用大量水冲洗后，用肥皂水或 2%～5% $NaHCO_3$ 溶液冲洗，用 5%$NaHCO_3$ 溶液湿敷。局部外用可的松软膏或紫草油软膏及硫酸镁糊剂。

当心玻璃器皿变利刃

作者：along911811

实验室手记

这一次的教训是终生难忘的，真的，因为这次事故给我留下了永久的瘢痕。每当我看到左手虎口处的新月形瘢痕就会自责自己的狂傲不逊，想起分液漏斗来。

分液漏斗是药学实验室常见的玻璃器皿，其规格不一，按容量分从20ml到5000ml都有；其形状各异，有梨形的、球形的、筒形的。一般是萃取分离最常用的工具。根据试验需要和操作能力选用不同规格、形状的分液漏斗，这样才能保证安全、快速、有效的进行。一般来讲，大容量的分液漏斗用起来比较费力，不好操作，如果力气不够往往振摇不充分达不到最好的萃取效果。

那时候我刚刚进入实验室不久，对任何师兄师姐提醒的有挑战性的工作都怀有很强的冲击信心。使用大容量分液漏斗就是其中的一个例子。当然挑战困难也给我带来了不少意想不到的“收获”。

实话说那次使用大型分液漏斗的整个萃取过程我都很谨慎，因为溶剂是氯仿，本身比重就比较大，我不敢在漏斗中加入太多的溶剂，一直严格控制着溶液体积与容器容积的比例，小心操作；当然由于刚进入实验室，这种操作也是在师兄的严密关注之下进行的。

几天后试验顺利完成了，一直都平安无事。我认为自己使用大容量器皿提高了工作效率，取得了成功；更认为师兄、师姐的担心有些多余。

在最后做漏斗清洗时，我很自信的把5000ml的分液漏斗装了3/4体积还要多的清水并开始摇晃。将近5公斤的重量在左手上拖动时不太受控，底部轻轻地碰撞了一下水池的水泥边沿，漏斗下部焊接部位立即断裂，露出锋利的断茬一下子扎进左手虎口部位和其他四指内侧……

工作被迫停顿了一周；而且以后很长一段时间我再见到大型玻璃器皿就心有余悸，害怕它突然爆裂。

错误在于自己的嚣张与大意，伤口却在自己的手上和心上。有人说怎么谨慎都不为过，还有人说要量力而为，说得真好。

点 评

前人看似很平淡的一两句话往往是痛苦的经验和教训。所以任何看似简简单单的实验室操作其实很值得初学者理解和掌握，值得问一个为什么；当知道了这样做的动作技巧和为什么这样做以后，不妨再追问一下如何做才安全。应该永远记住玻璃器皿甚至机械仪器都不是完全可靠的，只有理解了工作原理，标准操作才最可靠。

安全小贴士

1. 大的分液漏斗操作时要非常小心，否则轻则破损，重则伤人：

①使用前先检查分液漏斗是否漏液（可在旋好旋塞后向漏斗内注入溶剂或水，观察）。

②使用大容量分液漏斗时应以优势手握持漏斗上口颈，同时压紧磨塞，承载大部分重量；另一只手承托下漏斗管与漏斗主体连接处，并负责开关旋塞。

③振荡时漏斗口要稍微朝上倾，摇动几下后就要注意放气（视溶剂“产气”情况而定，如使用石油醚就可能需要摇两三下放一次气）；放气时不要将漏斗口对着人。

④漏斗内加入的溶液量不要超过容积的 3/4，比重较大的溶剂（如氯仿）应减少到 3/5 或更少。

⑤下层液放液时应使磨口塞上的凹槽与漏斗口颈上的小孔对准，以便漏斗内外的空气相通，保证分离好的下层液体顺利流出。

⑥大容量分液漏斗在清洗时最好结合漏斗架的使用，避免漏斗尤其是下漏斗管部位触碰坚硬的清洗槽。

2. 其他玻璃器皿使用前同样要注意检察有无破损，操作时注意：

①大容量烧杯、三角瓶盛较多液体时，不要只握持上端，一定要托住底部。

②量筒禁止作为配制溶液的容器。原因其一为很多溶液配制时产热，不仅使称量不准确，也有可能造成量筒底部受热不均匀而炸裂；其二是大量筒不易使溶液均匀，用力摇匀容易发生磕碰。

③将玻璃管、温度计插入橡皮塞时，不宜用蛮力，操作者可用管一端蘸取少量水或者甘油润滑剂，二者反方向边轻轻旋转边用力连接。此时左右手拇指之间距离不要超过 5cm。

④玻璃匀浆器、注射器使用前一定检察是否有微小裂隙破损，否则在用力挤

压时发生破损，手是最可能受伤的对象！

⑤平底的薄壁三角烧瓶因破裂的可能性较大，严禁用于减压操作。

危害的补救措施

1. 分液漏斗无论在萃取还是在清洗时，建议充分使用圆形漏斗架，当发生漏液、器皿损坏以及疲惫时可以随时迅速解放双手。

2. 遭遇外伤时，应第一时间使用大量清水冲洗伤口，避免试剂、实验物质随伤口进入身体。

3. 根据实验室条件可配备分液漏斗振荡机。

图片

你的实验室是否也有这些破损了而不舍得丢弃的玻璃器皿？现在就丢掉它！

比实验材料、实验仪器更重要的
——实验记录

作者：赵　强

实验室手记

无论做什么实验，肯定都要做实验记录。我从小就讨厌记课堂笔记，为此吃过不少苦头。即使这样我现在也没喜欢上记实验记录。我最容易犯的错就是随手乱写乱记（相信很多人都有这种不良习惯）。我每次实验前都会准备实验记录本，但不是忘记拿，就是依然随手找张纸就记录，心里想着做好实验后，在把记录写在记录本上。等做好实验及记录完实验数据后，接下来的事就是清理实验战场，我经常干的事就是把这张记有数据、龌龊的像垃圾一样的纸和垃圾一起丢掉。害得自己经常在发现需要数据时，再跑到垃圾桶里翻出来。

有一次我正在翻找垃圾桶时被总监看到，我随口就说闻到垃圾桶有味道，我怀疑有生物危害的垃圾丢在普通垃圾里面了。结果领导当时就重视了，让人直接把垃圾桶拿走当生物危害垃圾给处理了。虽然领导表扬了我，说我工作认真负责，关心公司发展之类的话，但我心里是“哑巴吃黄连”——有苦说不出啊！这批实验的数据没了，这个实验白做了。

其实最让我头痛的事情，就是我写记录的字迹比较潦草，经常是自己写的记录，过不了一段时间，连自己都认不出来了。其实身边就有过一个惨痛的教训：所里有个同事因 7 与 2 写的很像，结果导致某新药的药理实验剂量错误，十几万打了水漂。害得她以后的工作不但没奖金，还为实验室工作了 2 年。

我的记录本里还经常会夹带有一些记录数据不能割舍的纸张。每次都想好好整理记录本，但每次都往后面拖。而且我经常会把记录本放得自己都找不到，或者下班后忘记锁在抽屉里，为此被“相关人士”警告过好几次，钱也被罚过不止一次，真是教训啊！经过不懈的努力，我已经改了很多，但偶尔还会再犯错，也许是处罚的不厉害。

做细胞实验，我们对穿戴要求比较严格，或者说有些麻烦，我在实验期间就经常把细胞的相关信息顺手写在手套上，可手套又经常要喷酒精消毒，一喷酒精，手套上记录的信息就模糊不清了，而且手套表面还弄的一塌糊涂。那个郁闷就别提了，真想打自己一巴掌！

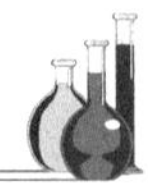

点　评

如果实验室失火，除了人，首先应该抢救的是你的实验记录本。电脑、冰箱里的材料、实验仪器都没有你的原始数据有价值。有了实验记录本，你就可以写论文、进行数据的分析和处理，如果没有了实验记录本，就等于你在实验室一无所有。完整的实验记录不仅可以很好地反映实验情况，而且对以后的相关实验有一定的参考和指导作用，所以实验记录一定要真实、完整、详细记录好，千万不能马虎、偷懒。

安全小贴士

1. 实验记录是一定要记的，不可不记或少记。实验时一定要带好实验记录本，需要记录的地方一定要认真对待，不能偷懒省事，更不能随便地把实验数据记录在零散的纸张上。如果实验忙可先记录实验要点和必需的数据等等，实验后认真总结，并完善好实验记录。

2. 实验记录的书写一定要内容尽可能的详细认真，字迹要工整。特别是数据的书写要规范，不能写出四不像的数字。否则别人可能怀疑数据的真实性。

3. 每周检查、维护一次实验记录本，把没有即时打印出来的实验数据、X胶片或者统计分析结果贴到相关记录中；对每周的实验作一个总结，同时计划下周的实验。

4. 向实验记录本上黏贴纸张或者胶片不要用双面胶或者胶水，以免时间久了自行脱落；应采用透明胶带。

5. 实验记录容易忽略的细节，可能是日后你需要的：

①血清的批次，效价；所用培养基的制备时间、批次；缓冲液的 pH。

②抗体滴度。

③相关的其他人。

④离心机型号和离心条件。

⑤细胞复苏时起始数量；细胞培养、冻存的时间，培养的代数。

⑥琼脂糖及聚丙烯酰胺凝胶的浓度。

⑦样品存放的地点、或者丢弃的时间记录。

⑧实验中发生的任何意外事件、或者可疑的现象。

6. 记录好的实验记录本一定要认真检查核对。在很多单位，实验记录本并不是个人财产，因此要把记录好的实验记录本放置好，千万不能随便乱丢乱放，特别是重要、机密的实验记录。

让人迷糊的有效数字问题

——漫谈数值修约

作者：丁恩峰

实验室手记

对于科研工作者而言，数字不仅仅是枯燥的符号，更是实验的结晶和辛勤劳动的结果。每一个数值，每一组数据都代表着我们在科学道路上前行的足迹和汗水。下面我就通过自己亲身经历的故事来揭示数字以及数字表示方法的重要性。

2007年，我应聘到一家欧洲独资公司中国代表处担任高级审计经理。我的主要职责就是对中国供应商进行选择、评估和现场审计，根据上述结果，推荐供应商给国外的客户。在工作中，需要审核和修改很多技术文件，例如DMF、COS证书授权、COA（certificate of analysis）审核以及各种商务协议的起草和审核。

在工作中，发现很多中国供应商出具的技术文件不符合规范，甚至是错误的。例如，有一次收到一份来自浙江某著名企业的COA，里面对于杂质的表示就是不符合规范的（见表1）。

表1　企业COD部分数据实例

环丙沙星乙二胺类似物 Ciprofloxacin ethylenediamine analog	≤0.20% Not more than 0.20%	0.06%
其他任何单个杂质 Any other individual impurity	≤0.2% Not more than 0.2%	0.06%
总杂质 Total impurities	≤0.5% Not more than 0.5%	0.26%

从上面COA截图可以看出，这家制药公司QC技术人员把环丙沙星乙二胺类似物的限度设定为≤0.20%，检测结果为0.06%，这样处理分析结果是对的。但是看下面2个杂质的表示情况，就有冲突了！“其他任何单个杂质”的限度为

≤0.2%，而结果却是0.06%，这是错误的，正确的表示应该是：标准表示形式修改为≤0.20%，分析结果保留和标准有效位相同的位数，就是小数点后二位数，然后进行比较和判定。同样，总杂质项目的标准也是错误的，应该是0.50%，而不应该是0.5%。

我们再看下面一份来自辽宁某供应商的COA（见表2）：

表2　某供应商的COA数据

Residual solvents Cyclohexane Isopropyl alcohol	NMT 0.1% NMT 0.2%	0.025% 0.043%
Assay	98.5%～101.0%	99.28%

从这份COA上面可以看出，这个公司的QC分析人员错的更是离谱！可能他以为小数点后面数字越多越准确，其实不然。我们不再重复讨论杂质项目，只看含量项目就明白，最后结果应该修约到小数点后一位数，就是99.3%，然后再和标准进行比较判定。

点　评

我们进行各种实验和分析，获得结果绝大部分是数值，这些数值必须处理，才能进行判断和评估，称为我们辛勤劳动的结晶。处理数值的规则就是数值修约规则。医药分析过程中，应该严格按照药典和相应国标要求的操作规范进行数值运算、修约和结果判断，而不是简单的认为小数点后面位数越多越准确。

安全小贴士

先介绍两个术语：有效数字和有效位。

1. 有效数字，就是一个数中除最后一位（只能是最后一位）不甚确定外，其他各数都是确定的。具体来说，有效数字就是在特定条件下实际上能测到的数字。或者说，从左边第一个非零数字开始的数字个数就是有效数字个数。例如23.45ml，这个测量结果就是4位有效数字，尽管第4位数字5不是准确测量结果，而是估计的，称为可疑值，但它不是臆造的，记录时应该保留它。又例如0.027ml，这个测量结果就是含有2位有效数字，因为前面两个 0 的作用是定位作用，因此不是有效数字。

2. 有效位指的是药品标准中小数点后面的位数。例如，≤0.20%这个杂质控制标准的有效位就是小数点后 2 位，因此分析结果也应该修约到小数点 2 位，然后再和标准进行比较判断。

3. 数值比较方法有全数值比较法和数值修约比较法。因为药典是药品生产、检验、贸易仲裁的工具，为了避免歧义，世界各国药典都采用数值修约比较法。但是需要提醒的是，中国药典采用的数值修约法则是“四舍六入五称双”，而欧美药典一般采用“四舍五入”的传统修约法则。关于中国药典采用的数值修约法则的细节内容，请参考《GB/T8170—2008 数值修约规则与极限数值的表示和判定》。

4. 浙江这家制药企业所涉及的问题，要从 ICH 组织制定的关于杂质的技术指南中得到解释：若杂质结果低于 1.0%，结果应该报告至小数点后 2 位（例如 0.06%和 0.13%）；若结果大于或者等于 1.0%，结果应该报告至小数点后 1 位（例如 1.3%）。结果应该按照传统规则修约[1]。因此，如果一个杂质经过技术人员研究，确认控制限度低于 1.0%，那么分析结果应该表示为小数点后 2 位数。同样，世界各国药典又要求分析结果和标准保留相同的有效位。这样综合要求的结果，就是我们制定杂质标准时，如果研究数据证实杂质低于 1.0%，那么标准有效位应该是小数点后 2 位。

参考文献

1.《Q3A（R2）新原料药中的杂质指南》、《Q3B（R2）新制剂中的杂质指南》，ICH 组织* 发布

* ICH 组织是由美国、欧盟和日本三个缔约方组成的关于药品国际注册的技术组织，目前影响广泛，是药品进入国际规范市场不可逾越的障碍。ICH 组织发布了一系列的技术指南，其中关于杂质的技术指南包括：《Q3A（R2）新原料药中的杂质指南》、《Q3B（R2）新制剂中的杂质指南》、《Q3C（R3）残留溶媒指南》。

第二章　分子生物学实验室

1. 分子生物学试剂之
——“黑色”的回忆
2. 分子生物学试剂之
——我被苯酚“漂白”了
3. 分子生物学试剂之
——免疫组化中的“十大恶人”
4. 分子生物学试剂之
——更多常用有毒有害试剂
5. 分子实验室实验操作之
——“加”与“不加”之间
6. 分子生物学实验操作之
——SARS 就在身边？PCR 污染的警示
7. 分子生物学实验操作之
——痛并快乐着：保护碱基与酶切效率
8. 分子生物学实验操作之
——大意失荆州：RNA 提取实验注意事项
9. 分子生物学实验操作之
——RNAi，“干扰”了谁？
10. 分子生物学实验操作之
——双向电泳实验手记
11. 分子生物学实验操作之
——自以为是的代价：一起高效液相色谱柱污染事件
12. 分子生物学仪器之
——电泳仪和电泳槽——“小仪器的大问题”
13. 分子生物学仪器之
——PCR 仪也有“水货”
14. 分子生物学仪器之
——离心机“很强很暴力”？
15. 分子生物学仪器之
——娇贵的液质联用质谱仪

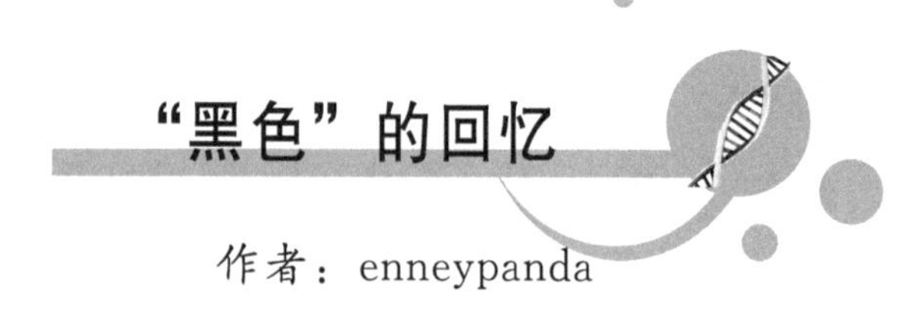

“黑色”的回忆

作者：enneypanda

实验室手记

前些日子，我要做细胞涂片染色实验，需要配制硝酸银溶液。师姐之前曾经告诉过我，硝酸银氧化性很强，但是我认为自己做实验有一段时间了，所以根本没在意。

在以前的实验中，我都是戴着手套配液的，所以习惯性地戴了一副橡胶手套配制硝酸银溶液。因为之前已有人将棒状的硝酸银分成一段段的，我只需要称取0.4克的硝酸银配制溶液，所以称取了最小的一段，结果还是多，我就用手试着掰了掰，根本掰不动，没办法就用硬纸包上好不容易才压的碎了点。在这个过程中似乎是用力过猛，手套好像也戳穿了，我以为是刚才挤压试剂的时候弄破的，所以没在意，把手套摘了继续称，结果还是多了一点点，我用小匙来回弄了几次，每次不是多了就是少了，最后就忍不住用手捏去了一点点（当时没有戴手套），结果正好了。当时心里还窃喜来着，还是不戴手套方便啊！

等称完回去时就出大事了，我两只手的食指和拇指拿东西的地方也都变黑了，而且所有沾上硝酸银粉末的地方也都变黑了，两只手弄的简直惨不忍睹，我心里那个后悔啊！我用肥皂使劲洗了好长时间也没有洗掉的迹象，更惨的是随着时间的延长被氧化的范围变大了。以后几天我就拼命洗当天穿在身上的衣服，但是上面的污渍好像也没有被去除的迹象，还好后来不知道怎么的就消失了。

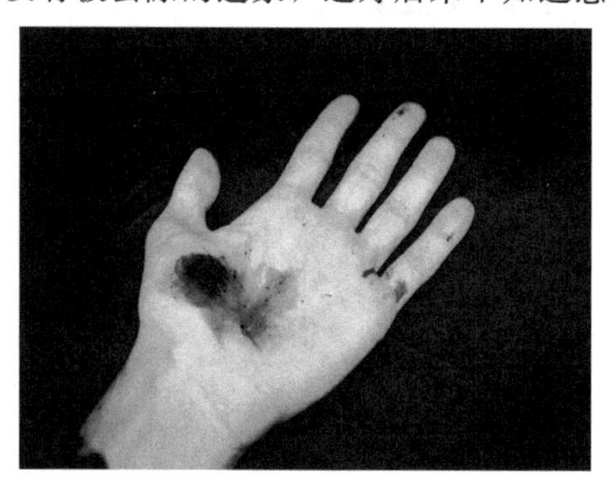

图1　实验中皮肤接触硝酸银后导致着色

（http://en.wikipedia.org/wiki/Silver_nitrate）

说了这么多就是想提醒各位同学一句，做实验的时候一定要保护好自己，硝酸银试剂幸好不是什么高危险物品，否则后果不堪设想。更重要的是就是对所要接触的物品要先有个基本了解，不要盲目地毫无顾忌的去碰，尤其是直接用手去接触。实验结果不是不重要，但人身安全永远是第一位的。

点　评

硝酸银试剂是实验室常用化学药品，如应用于银染法对生物显微玻片标本进行染色，当组织块浸入硝酸银溶液中时，有的组织结构能直接把硝酸银还原，使银粒附于其上，呈棕黑色或棕黄色。

硝酸银潜在的危害性一直以来没有得到应用的重视。硝酸银溶液由于具有大量的银离子，故氧化性较强，吸入或误服后，对人体有一定腐蚀性。对于初入实验室的新手，他们不仅需要掌握化学药品的正确操作规程，更需要提前了解和学习某些高危化学药品的危害性以及在紧急情况下的处理措施。

安全小贴士

硝酸银是重要的化工产品，在日光下遇微量有机物即易析出金属银而变黑色。在医学上硝酸银可作消毒防腐药，具杀菌、收敛和促进创面愈合的作用。

1. 如误服硝酸银，可引起黏膜的腐蚀性溃疡及腹痛、呕吐，并可出现呼吸困难、休克等全身反应。皮肤黏膜接触浓缩硝酸银，可发生溃疡及变色。长期接触银盐，可使皮肤发生蓝黑色的色素沉着，称为银质沉着症，齿龈及指甲亦可变色。纯度较高的硝酸银试剂，对皮肤黏膜有较大的腐蚀刺激性，短时接触后，由于局部性的银沉积，造成了皮肤着色和灼伤。

2. 硝酸银属无机氧化剂。遇可燃物着火时，能助长火势。受高热分解，产生有毒的氮氧化物。

3. 操作时注意事项：

①密闭操作，加强通风。严格遵守操作规程。

②建议实验人员穿白大褂（有条件者可穿着胶布防毒衣），戴氯丁橡胶手套进行称量操作。

③远离火种、热源。远离易燃、可燃物。避免产生粉尘。避免与还原剂、碱类、醇类接触。倒空的容器可能残留有害物，要按照相关规定进行处理。

4. 储存注意事项：储存于阴凉、通风处。远离火种、热源。避免光照，可贮存于棕色瓶或避光容器中。包装必须密封，切勿受潮。应与易（可）燃物、还原剂、碱类、醇类、食用化学品分开存放，切忌混储。

危害的补救措施

皮肤接触：脱去污染的衣着，用肥皂水和清水彻底冲洗皮肤。

眼睛接触：提起眼睑，用流动清水或生理盐水冲洗。就医。

吸入：迅速脱离现场至空气新鲜处。保持呼吸道通畅。如呼吸困难，给输氧。如呼吸停止，立即进行人工呼吸。就医。

食入：用水漱口，给饮牛奶或蛋清。就医。

灭火方法：采用水、雾状水、砂土灭火。

参考文献

1. 中华人民共和国劳动部、化学工业部. 1992. 化学危险物品安全管理条例实施细则
2. 中华人民共和国劳动部、化学工业部. 1996. 工作场所安全使用化学品规定
3. NIOSH Pocket Guide to Chemical Hazards [EB/OL]. 2005. http://www.cdc.gov/niosh/npg/npgd0557.html
4. International Occupational Safety and Health Information Centre [EB/OL]. 1998. http://www.ilo.org/public/english/protection/safework/cis/products/icsc/dtasht/_icsc11/icsc1116.htm
5. Silver nitrate [EB/OL]. 2009. http://en.wikipedia.org/wiki/Silver_nitrate

我被苯酚“漂白”了

作者：bacteria _ virus

实验室手记

前天做实验时我需要用到苯酚液体，实验过程中一直戴着手套，为了保护自己，我戴了两层，觉得应该没有问题了。可是到实验结束时我摘下了胶手套，只戴着一次性手套收拾残局，不小心把酚苯弄洒了些，我赶快拿着抹布好一顿擦。可不知那一次性手套什么时候破了个洞，最后洗手时才发现左手有两个指头的皮肤都已经变白了，是苯酚腐蚀的！我赶紧用水冲洗，可是好像没什么效果。我又迅速上网查了一下沾染苯酚应如何急救，少量苯酚可以用酒精清洗。于是我拿着酒精棉球不停地擦，呵呵，大约一个小时后那两个指头的颜色终于恢复正常了，可是那块皮肤到现在还是有些脱水！

提醒大家，如苯酚不慎弄到皮肤上，应立即用肥皂和水冲洗，最后用少量乙醇擦洗至不再有苯酚味为止！不过做实验时还是尽量小心！防患于未然才是上策(图 1)！

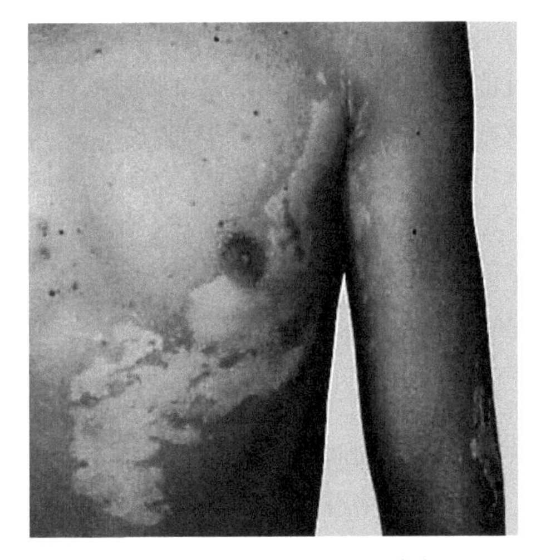

图 1　苯酚腐蚀后造成的皮肤白斑

点　评

苯酚是分子生物学实验常用有机溶剂。在一些分子生物学实验中如抽提DNA的过程中起到去除蛋白质的作用。苯酚同时对皮肤、黏膜有强烈的腐蚀作用，可抑制中枢神经或损害肝、肾功能。因此对于一些常用的试剂，我们也不能忽视它们对人体健康的影响。“谨小慎微、防微杜渐”才是少犯错的不二法门。

安全小贴士

1. 苯酚可通过吸入、食入、皮肤接触被人体吸收，可产生各类急慢性中毒现象。其对人体任何组织都有显著腐蚀作用。如接触眼，能引起角膜严重损害，甚至失明。接触皮肤后，不引起疼痛，但在暴露部位最初呈现白色，如不迅速冲洗清除，能引起严重灼伤或全身性中毒。苯酚为细腻原浆毒物，能使蛋白质发生变质和沉淀，故对各种细胞有直接损害。因此，任何暴露途径都可能产生全身性影响。通常酚中毒主要由皮肤吸收所引起，其腐蚀性随液体的pH、溶解性及分解度和温度等条件而异。

遇明火、高热或与氧化剂接触有引起燃烧爆炸的危险。燃烧（分解）产物：CO、CO_2。

2. 实验中的防护措施

呼吸系统防护：可能接触其粉尘时，佩戴自吸过滤式防尘口罩。紧急事态抢救或撤离时，应该佩戴自给式呼吸器。

眼睛防护：戴化学安全防护眼镜。

身体防护：穿透气型防毒服。

手防护：戴防化学品手套。

危害的补救措施

皮肤接触：立即脱去被污染的衣着，用甘油、聚乙烯乙二醇或聚乙烯乙二醇和酒精混合液（7∶3）抹洗，然后用水彻底清洗。或用大量流动清水冲洗，至少15分钟。就医。

眼睛接触：立即提起眼睑，用大量流动清水或生理盐水彻底冲洗至少15分钟。就医。

吸入：迅速脱离现场至空气新鲜处。保持呼吸道通畅。如呼吸困难，给输氧。如呼吸停止，立即进行人工呼吸。就医。

食入：立即给饮植物油 15～30mL。催吐。就医。

灭火方法：消防人员须佩戴防毒面具、穿全身消防服。灭火剂：水、抗溶性泡沫、干粉、CO_2。

免疫组织化学中的“十大恶人”

作者：枫林幽竹

实验室手记

刚开始做免疫组织化学实验的时候，有很多东西都不是很懂，为了多学点，有什么事情要干的，我都很积极，老师有什么要帮忙的我也是很主动，刚进实验室，感觉什么都新鲜，更调动了我的积极性，在进实验室前老师也告诉我们一些注意事项，特别是要注意一些有毒物质，其中特别提到了DAB（3，3-二氨基联苯胺），所以对DAB也一直很小心，但对别的感觉没什么了，所以在做和DAB无关的实验步骤时就不是怎么很注意。

有一天，用来灭活酶的过氧化氢没有了，老师让我新开一瓶，我也很乐意去，因为做免疫组织化学实验戴着手套有时候感觉不是很方便，所以我就一直没有带，感觉中H_2O_2就和H_2O差不多，开一瓶水而已，小意思。装双氧水的瓶子一般都是500ml的，并且都是两个盖子，要先打开外面的盖子，直接拧开就行了，但里面还有一个盖子，一般是直接盖上的，打开非常的容易，但这次盖子盖的很紧，怎么也打不开。毕竟是年少气盛，当时我的火就上来了，我还不信了一个瓶盖子还打不开，就干脆直接抱在怀里开。费了很长时间，一用力，“砰”，可好了，一下子打开了，但同时，里面的双氧水也直接溅到了脸上和手上。我立刻感到手上和脸上有种火辣辣的烧灼感，马上将手上的水甩掉，但为时已晚，看到手上溅到双氧水的地方颜色慢慢变白，疼痛难忍，但还是强忍着疼痛给老师送了过去，老师一看说：“你脸上怎么了?”我只好说：“您看看我手上，比脸上还厉害，让双氧水烧着了”。

就这样，因为我的这次教训，一旦有新同学来做实验的时候，老师都会把双氧水的危害单独拿出来讲一讲。我成了一个活生生的例子。

点　评

这件小事也许发生的很偶然，但偶然中也存在必然，这就是由于自己心中没有足够的安全意识，而且存在侥幸心理。事实上生物实验室中大多数物质都是有着或多或少的危害，做实验要时刻保持

警惕，不然随时都有可能给自己带来伤害。

安全小贴士

做实验开始操作前，对要所有的使用物质其性质十分熟悉。做实验要养成细心的习惯，如果接触到有毒物质必须立即进行处理，有必要的话要和当地安全机构联系，以便接受指导。

下面是涉及蛋白水平，包括SDS-PAGE、Western Blot和免疫组化实验中经常使用到的十大有毒物质，希望在实验过程予以特别注意。

1. 甲醛（HCOH）：具有很大毒性且易挥发，也是一种致癌剂。很容易通过皮肤吸收，对眼睛、黏膜和上呼吸道有刺激和损伤作用。经常吸入少量甲醛，能引起慢性中毒。应避免吸入其挥发的气雾，需佩戴合适的手套和安全眼镜，始终在化学通风橱内进行操作，远离热、火花及明火。

2. 吉姆萨（Giemsa）染料：咽下可致命或引起眼睛失明，通过吸入和皮肤吸收是有毒的。其可能的危险是不可逆的效应。戴合适的手套和安全护目镜。在化学通风橱里操作，不要吸入其粉末。

3. Triton X-100：引起严重的眼睛刺激和灼伤。可因吸入、咽下或皮肤吸收而受害。戴合适的手套和护目镜。

4. 乙酸（浓）：可能因为吸入或皮肤吸收而受到伤害，要戴手套和护目镜，最好在化学通风橱中操作。

5. 丙酮：为易挥发的无色液体，有刺激性气体。广泛用于酶组织化学中的各种酶的固定，也有人用于抗原的保存，作为细胞涂片免疫组化的固定液。丙酮具有挥发性和毒性，大量接触与吸入会对肝、肾及中枢神经有一定的伤害。

6. 乙醚：有很强的吸水性和特有的刺激性气味，容易挥发，长期低浓度吸入，有头痛、头晕、疲倦、嗜睡、蛋白尿、红细胞增多等不良反应。长期皮肤接触，可发生皮肤干燥、皲裂。

7. 过氧化氢：即双氧水，是强氧化剂，对皮肤、眼睛和黏液膜有刺激作用，浓度较低时可产生漂白和灼烧感觉，浓度高时可使表皮起泡和严重损伤眼睛。可因吸入咽下或皮肤吸收而危害健康。其蒸汽进入呼吸系统后可刺激肺部，甚至导致器官严重损伤。当H_2O_2沾染人体或溅入眼内时应立即用大量清水冲洗，并且及时就诊。

8. 二甲苯：可通过呼吸、皮肤及眼睛的接触而对身体产生伤害。长期接触二甲苯还可能会导致神经系统及肝肾功能损害。只能在化学通风柜里使用。切勿靠近热、火花和明火。中毒时及时脱离现场，严重时立即吸氧。有皮肤接触时可用大量温水冲洗，脱去污染的衣服，用肥皂洗有助于除去二甲苯。溅入眼睛时，立即翻开眼睑，用大量的水冲洗，必要时去眼科就诊。

9．DAB：主要通过皮肤黏膜及眼睛接触。具有致癌性和刺激性。接触皮肤黏膜时要用大量的水冲洗。

10．2,4,6-三硝基苯酚：即苦味酸，Bouin S固定液成分之一。经消化道摄入、吸入或皮肤接触后有毒性。摄入后引起头疼、恶心；刺激眼睛。干燥时爆炸。需始终用水保持湿润或仅在乙醇溶液中使用。

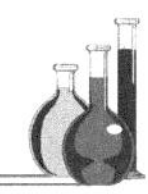

更多常用有毒有害分子生物学试剂

DXY 全体站友贡献，Biowind 整理

没有警告并不一定说明该物质是安全的
因为目前我们所能够了解的还很有限。

我们大部分人都知道无机酸和无机碱的腐蚀性，并能够有意识地加以防护（见通则相关章节）；通常情况下，也并不会发生误食的事件，因此我们着重提醒经呼吸道吸收和皮肤接触吸收的毒性物质。其中部分操作，除了手套，还要戴上护目镜。

- 用于调控细胞周期的试剂，神经生物学的离子通道的抑制剂、阻断剂等，大多数均对人体有高度危险，操作时要额外小心。
- 氨基乙酸（甘氨酸）glycine：避免吸入粉尘。
- BCIP/NBT：两种物质均有毒性，不要吸入。
- BrdU：致畸胎剂，有刺激性，不宜吸入。通风橱内操作。
- X-半乳糖（X-gal）：对眼睛和皮肤有毒性。应注意，X-gal 溶液以 DMF 为溶剂，该物质刺激眼睛、皮肤和黏膜。慢性吸入可导致肝、肾损害。应在通风橱内操作。
- β-半乳糖苷酶（β-galactosidase）：有刺激性，可产生过敏反应。
- 苯甲基磺酰氟（PMSF）（$C_7H_7FO_2S$ 或 $C_6H_5CH_2SO_2F$）：是一种高强度毒性的胆碱酯酶抑制剂。它对呼吸道黏膜、眼睛和皮肤有非常大的破坏性。可因吸入、咽下或皮肤吸收而致命。戴合适的手套和安全眼镜，始终在化学通风橱里使用。在接触到的情况下，要立即用大量的水冲洗眼睛或皮肤，已污染的工作服丢弃掉。注意：PMSF 在碱性（pH 大于 8.6 时）在室温存放数小时，即失活，可安全丢弃。
- 丙烯酰胺（acrylamide）（未聚合的）、*N*，*N*′-亚甲基双丙烯酰胺：具有神经毒性，可通过皮肤吸收及呼吸道进入人体。在搬运和使用中必须穿戴好防护用具，如防毒服，防毒口罩及防毒手套等。聚丙烯酰胺无毒，但由于可能含有未聚合的物质故仍应谨慎对待。
- 叠氮化钠 sodium azide（NaN_3）：剧毒。含此药物的溶液要明确标记。氧化剂，保存时远离可燃物品。

- 多聚甲醛（paraformaldehyde）：剧毒。易通过皮肤吸收，并对皮肤、眼睛、黏膜和上呼吸道有严重破坏性。避免吸入粉末，在通风橱内操作。
- DAB：为致癌剂，操作时要非常小心。避免吸入气体。
- 二甲苯（xylene）：可燃，高浓度有麻醉作用。在通风橱内操作。
- 二甲亚砜（dimethyl sulfoxide，DMSO）：见细胞实验室章节。
- 二硫苏糖醇（DTT）：很强的还原剂，散发难闻的气味。可因吸入、咽下或皮肤吸收而危害健康。当使用固体或高浓度储存液时，戴手套和护目镜，在通风橱中操作。
- DAPI：可能为致癌剂，可引起刺激。避免吸入。
- 过硫酸铵［$(NH_4)_2S_2O_8$］：对黏膜和上呼吸道组织、眼睛和皮肤有极大危害性。吸入可致命。操作时戴合适的手套、安全眼镜和防护服。始终在通风橱里操作，操作完后彻底洗手。
- 过氧化氢（hydrogen peroxide，H_2O_2）：见本章。
- 甲氨喋呤（methotrexate，MTX）：为致癌剂和致畸胎剂。暴露于其中可导致胃肠反应，骨髓抑制、肝肾损坏。在通风橱内操作。
- 甲醇（methanol，H_3COH）：有毒，可致失明。操作时注意通风、不要吸入气体，在通风橱内操作。
- 甲醛（HCOH）：有很大的毒性并易挥发，也是一种致癌剂。很容易通过皮肤吸收，对眼睛、黏膜和上呼吸道有刺激和损伤作用。避免吸入其挥发的气雾。要戴合适的手套和安全眼镜。始终在化学通风橱内进行操作。远离热、火花及明火。
- 甲酰胺（formamide）：可导致畸胎。其挥发气体刺激眼睛、皮肤、黏膜和上呼吸道。操作在通风橱内进行，尽可能将反应的溶液盖住。
- 焦碳酸二乙酯（diethyl pyrocarbonate，DEPC）：潜在的蛋白变质剂和致癌剂。在通风橱内操作。其水溶液经高温高压灭菌后分解，可安全使用或丢弃。
- 聚乙二醇（polythyleneglycol，PFG）避免吸入粉末。
- 链霉素（streptomycin）：有毒性怀疑为致癌剂和突变诱导剂，可导致过敏反应。
- 磷酸钾/钠（包括 KH_2PO_4/K_2HPO_4/K_3PO_4/NaH_2PO_4/Na_2HPO_4/Na_3PO_4）避免吸入粉末。
- 氯仿（chloroform，$CHCl_3$）：致癌剂，有肝肾毒性。长期慢性吸入可导致危及胎儿健康。有挥发性和刺激性，在通风橱内操作。
- 氯化锌（$ZnCl_2$）：有腐蚀性，对胎儿有潜在危险，不要吸入粉末。
- 氯霉素（chloramphenicol）：为致癌剂，在通风橱内操作。
- 柠檬酸（sodium citrate）：有刺激性，对眼睛有极大伤害。避免吸入粉末。

- 秋水仙碱（colchicine）：剧毒，可致命，可导致癌症和可遗传的基因损伤。吸入、摄入和皮肤吸收都可造成伤害。不要吸入粉末，在通风橱内操作。
- β-巯基乙醇（β-mercaptoethanol，2-巯基乙醇）吸入或皮肤吸收可致命，有难闻气味。在通风橱操作。
- 三氯乙酸（TCA）：有很强的腐蚀性。戴合适的手套和安全防目镜。
- 十二烷基硫酸钠（SDS）：有毒，是一种刺激物，并造成对眼睛的严重损伤的危险。可因吸入、咽下或皮肤吸收而损害健康。戴合适的手套和安全护目镜。不要吸入其粉末。
- TEMED：强神经毒性，防止误吸，操作时快速。易燃，存放时密封，远离热源、火花。
- Triton X-100：引起严重的眼睛刺激和灼伤。可因吸入、咽下或皮肤吸收而受害。戴合适的手套和护目镜。
- 溴乙啡啶（ethidium bromide，EB）：强致突变剂，有毒性。避免吸入粉末和蒸汽，现已有可代替的核酸燃料 Goldview 等，建议实验室取缔。含此物质的废液处理请参考相关书籍。
- 乙酸（高浓度）（acetic acid）：使用要非常小心，吸入、摄入或者皮肤接触都可能造成伤害，在通风橱内操作。

图片

《常用危险化学品的分类及标志（GB 13690—92）》规定的危险品主标志：

爆炸品标志	易燃气体标志	不燃气体标志	有毒气体标志
爆炸品 1	易燃气体 2	不燃气体 2	有毒气体 2
易燃液体标志	易燃固体标志	自燃物品标志	遇湿易燃物品标志
易燃液体 3	易燃固体 4	自燃物品 4	遇湿易燃物品 4

续表

氧化剂标志	有机过氧化物标志	有毒品标志	剧毒品标志
氧化剂 5	有机过氧化物 5	有毒品 6	剧毒品 6
一级放射性物品标志	二级放射性物品标志	三级放射性物品标志	腐蚀品标志
一级放射性物品 I 7	二级放射性物品 II 7	三级放射性物品 III 7	腐蚀品 8

参考文献

1. 赵宗江，张玉祥，张春月. 2005. 分子生物学实验参考手册. 北京：化学工业出版社

"加"与"不加"之间

作者：刘　敏*

实验室手记

正如大家所知，在做分子生物学实验时，PCR 扩增实验往往是需要批量做的。

实验室里经常是一个冰盒上插上一堆的小 EP 管，挨个往里面加入不同的试剂。为求速率和节省"枪头"，往往是用一个枪头把一种试剂分别加入各个管内。由于每次加入的试剂量都是几微升，而且试剂都是无色透明的，所以加试剂前后并不能看出明显的变化。

最怕是此时有人过来搭话或是问问题!!!

搭了一句话后自己就会迷糊了——面前的这个管子我加过了么?

我到底加了呢，还是没加呢?!!! 好像加了? 不对，应该没加……也不对……看看枪头数目，恨不得把垃圾桶翻过来数一数!!! 那时整个人的状态像极了金庸小说里的欧阳峰，问自己：到底是气守丹田哪? 还是直达百汇穴? 到底是直达百汇穴哪? 还是气守丹田?

重来吧! 第二次，为了防止受到别人干扰，找了个没人的房间，还特地戴上了 MP3，想让自己放轻松些，结果加着样，听着歌，不知不觉走了神，想起了某年某月的某一天……精神恍惚之间，居然又忘记了! 这次怪不得别人了，只想打自己一顿!

唉!

点　评

在进行类似加样之类机械的重复性操作时，人的大脑会逐渐放松警惕，进入一种惰性状态，视若无睹，听而不闻。此时一旦操作被打断，大脑无法检索到刚刚完成的行为操作，就形成了暂时的"健

* 刘敏，山东省肿瘤医院检验科，250117

忘症”，因此，“专心”二字，说起来简单，却不容易做到，实验时要排除杂念，集中注意力，可以避免时间和金钱的浪费！

安全小贴士

1. 静心做实验。在做容易错的实验时最好是找个安静人少的时候，或者向周围人打好招呼：“忙着呐，别理我！”

2. 别太相信自己能一心二用，在一段时间里做好一件事就很不简单了！

3. 随时标记，可能会被认为太麻烦或浪费时间，但往往能避免更大的麻烦。

4. 高通量机械重复性实验操作的小技巧：含有各试剂组分的EP管在冰盒中有次序摆放，且前后/左右留有一定空隙，每添加了一种试剂，就将该管试剂向下/右移动一格位置，这样即使中途被打岔，回来一看试剂的位置就能判断进行程度。

危害的补救措施

连欧阳锋这样的大英雄都能被这种简单的问题折磨得疯掉，更何况你我凡人？

发现错误或者是疑惑是否有错时，最好及时终止。从头开始做起，以避免更大的浪费。

SARS就在身边？

——PCR污染的警示

作者：Yerongcn

实验室手记

在SARS流行进入尾声阶段，为了解本地是否存在果子狸携带SARS冠状病毒，我们和动物检疫所合作，采集了周边农村果子狸养殖场里果子狸的粪便、咽拭子和血液样品，用实时荧光RT-PCR做SARS病毒的基因检测。病毒RNA提取试剂盒及实时荧光RT-PCR试剂盒均来自一家合资的生物技术公司。

实验样品比较多，试剂盒也换了不同批次。几天过后，突然有样品显示强阳性曲线，阴性和空白对照都没问题。当时已有其他省报道果子狸携带SARS病毒，难道我们这里也有？大家都很紧张，立即扩大采样范围，不但增加了果子狸的样本，还包括与养殖场有关的鸡、鸭、猫、狗等动物。加班加点做实验，双休日也不休息。随着完成实验的样本数增加，阳性标本也越来越多。

为了证实结果，我们对所有阳性标本均采用套式RT-PCR方法扩增SARS冠状病毒保守区序列的另一位点。奇怪？始终没有扩增出阳性条带，而每次实验的阳性对照却很好。逐一分析原因，终于想到：会不会是PCR污染惹的祸？我们用水代替样本从提取RNA开始，到实时荧光RT-PCR结束，电脑的屏幕上确实出现了高高升起漂亮的阳性曲线。原来是购买的RNA提取试剂盒在出厂前已经被PCR产物污染，而用来做实时荧光RT-PCR检测试剂盒也是该厂的产品，多天来的疑惑终于有了答案。幸好，当时没有贸然向上级汇报阳性结果，否则在谈SARS色变的年代里不知会造成多大麻烦！

点　评

PCR的最大特点是具有强大的扩增能力和极高的灵敏性，但最令人头痛的问题是容易污染，常常极微量的污染即可造成假阳性结果的产生。PCR产生污染的原因是多方面的，例如标本间交叉污染、PCR试剂的污染、PCR扩增产物污染，以及实验室中克隆质

粒的污染。因此实验过程中注意污染的监测非常重要，应该考虑污染是什么原因造成，以便及时采取措施，防止和消除污染。

安全小贴士

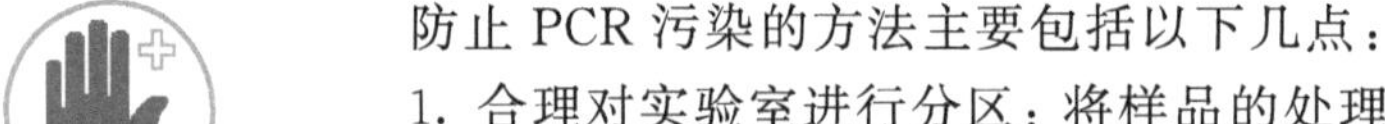

防止 PCR 污染的方法主要包括以下几点：

1. 合理对实验室进行分区：将样品的处理、配制 PCR 反应液、PCR 循环扩增及 PCR 产物的鉴定等步骤分区或分室进行，特别注意样本处理及 PCR 产物的鉴定应与其他步骤严格分开。最好能划分：①标本处理区；②PCR 反应液制备区；③PCR 循环扩增区；④PCR 产物鉴定区。其实验用品及吸样枪应专用，实验前应将实验室用紫外线消毒。

2. 吸样枪：吸样要慢，吸样时尽量一次性完成，忌多次抽吸，以免交叉污染或产生气溶胶污染。避免制备 PCR 反应液的加样枪和 PCR 产物跑凝胶电泳上样的点样枪混用。

3. 预混合分装 PCR 试剂：所有的 PCR 试剂都应小量分装，如有可能，PCR 反应液应预先配制好，然后小量分装，－20℃保存，以减少重复加样次数，避免污染机会。另外，PCR 试剂、PCR 反应液应与样品及 PCR 产物分开保存，不应放于同一冰盒或同一冰箱。

4. 防止操作人员污染：使用一次性手套、吸头、小离心管应一次性使用。

5. 设立适当的阳性对照和阴性对照：阳性对照以能出现扩增条带的最低量的标准病原体核酸为宜，并注意交叉污染的可能性；每次反应都应有一管不加模板的试剂对照及相应不含有被扩增核酸的样品作阴性对照。并且，做病毒基因检测的阴、阳性对照，最好从提取 RNA 开始，有时为了节约试剂费用，往往只从 PCR 扩增时设对照，这样就不能保证全程质量控制。

6. 减少 PCR 循环次数，只要 PCR 产物达到检测水平就适可而止。

7. 选择质量好的 Eppendorf 管，以避免样本外溢及外来核酸的进入，打开离心管前应先离心，将管壁及管盖上的液体甩至管底部，开管动作要轻，以防管内液体溅出。

危害的补救措施

当发现 PCR 污染，应该依照标本间交叉污染、PCR 试剂的污染、PCR 扩增产物污染，以及实验室中克隆质粒的污染，逐步排除可能的污染原因，并养成良好的操作习惯。

必要时暂时转移实验地点、另外借用移液枪，更换全部试剂。一切从头再来。

痛并快乐着

——保护碱基与酶切效率

作者：杨正安*

实验室手记

我是研究生二年级开始进入实验室的，内容是从植物中分离一个基因（使用RT-PCR），导师也是一个分子生物学的新手，我的故事就是从这开始的。

RNA的抽提还算正常，RT-PCR也很顺利，重复两次基因就扩出来了。在使用的引物上游，导师设计了两个酶切位点，以方便后面的连接反应（Ligation）。但结果问题就出在了连接上，做了几次都没有阳性克隆，导师也百思不得其解，但他相信一个理论：只要做，就可能成功；有百分之一的成功率的话，那就做100次，只要成功一次就可以了。所以，我的痛苦就开始了：从一周做一次，到一周做三次，做了一学期，那时的日子，好痛苦啊。心情苦闷到了极点，我在想，什么时候我才能否极泰来。

日子过得真快，导师出国了，去国外做访问学者，我也停下了实验，开始分析为什么。结果，在最新的一本《PCR技术实验指南》[1]上找到了答案，导师设计的引物上没有酶切位点的保护碱基，其中一个酶的酶切效率为0。我重新设计了引物，一次成功连入载体，那天，是女友毕业典礼的日子，我狂喜冲进会场，第一时间与女友分享喜悦。

回顾过往，那时的我们是多么的好笑，不过那时我们没有网络，也没有T-A克隆[2]，所以，错误是不可避免的。从那以后，我不再相信所谓的权威，我只相信，在实验不能进行的时候，我们应暂时停下来去分析，要多看文献，才能少走弯路。最后，我的论文获得了学校的优秀论文，这也算是我付出的收获吧。

* 杨正安，昆明市北郊云南农业大学园艺学院，650201

点　评

“打蛇要打七寸”，分子生物学虽然是非常微观、精细的一门学科，同时它又是非常粗糙的：只要把握和注意了一系列实验流程的“关键环节”，总不会一无所获，区别只在于结果是否完美与普通了。

构建表达载体是实验室常用技术，但它的步骤多，操作繁琐，导致不能出现阳性克隆的原因往往是多方面的。当确实一无所获的时候，首先要从实验的关键环节入手，如 dyangza 战友提到的引物设计时酶切位点加保护碱基，这就是引物设计最关键的环节之一[3]。

安全小贴士

1. PCR 末端引入适当的限制性酶切位点是常用的克隆策略，在设计之初就要考虑酶切时的要求和效率。

2. 不同的酶切切点需要不同的保护碱基，可参考 NEB 公司的建议表（http://www.neb.com/nebecomm/tech_reference/restriction_enzymes/cleavage_olignucleotides.asp）

3. 一般的内切酶都是从公司购买来的，实验设计的时候要考虑所使用的酶对反应温度、时间有什么要求。有时候不同公司的同一种产品反应的要求都不一样。使用产品前应认真阅读相应的说明书。

4. 双酶切时注意两种酶反应需要的离子浓度是否一致，有些公司提供了双酶切应采取的缓冲液体系，当没有合适的缓冲液可供选择时，要依次酶切[4,5]。注意先用低盐离子体系，（必要时纯化回收）后用高盐离子体系。另外也要考虑两种酶的成本，酶切效率，以在取得最佳效果的前提下节约试剂。

参考文献

1. 迪芬巴赫 C W，德维克斯勒 G S. 1998. PCR 技术实验指南. 北京：科学出版社，145～158
2. Kovalic D，Kwak J，Weisblum B. 1991. General method for direct cloning of DNA fragments generated by the polymerase chain reaction. Nucleic Acids Res，1991 (16)：4560
3. Double Digest [EB/OL]. 2009. http：//www.fermentas.com/doubledigest/index.html
4. Recommended Universal Buffer for Double Digestion [EB/OL]. 2009. http://catalog.takara-bio.co.jp/en/product/basic_info.asp?unitid=U100005593
5. Double Digest Calculator [CP/OL]. 2009. http://www.neb.com/nebecomm/DoubleDigestCalculator.asp

大意失荆州

——RNA提取实验注意事项

作者：胡　平*

实验室手记

“怎么还是没有？”，我的耳边又传来师弟气急败坏的抱怨声。不知道多少天了，他的实验一直卡在总RNA提取上。每次看他忙乎大半天，最后却只能哑口无言地面对空空如也的PAGE。试剂盒换了好几个，也咨询过不少熟悉RNA提取的研究生，可就是始终如一的做不出结果。师弟无比的郁闷苦恼自不用说，就连导师都被惊动了——那些千辛万苦才要来的血样，可再也经不起这么折腾了。

师弟仗着自己曾经在一家研究所实习过大半年，实验一直大大咧咧，有时候甚至连橡胶手套都省了，直接“空手道”。不过他的粗放式风格在之前做DNA分子克隆的时候，似乎也完全没有问题，实验都是一次搞定，因此实验室的其他人也就没有多说。不过到了RNA提取的时候，他粗放式的风格就不再行得通了。有可能导致RNAase污染的步骤实在太多，稍不注意就会使之前的半天辛苦白白浪费。足足快1个月以后，师弟才终于成功地提取出了外周血中的总RNA，一时的大意导致付出了不小的代价，浪费无数的时间和精力。从这以后，这位师弟再也不敢“粗放型实验”了，每次操作都是慎之又慎。

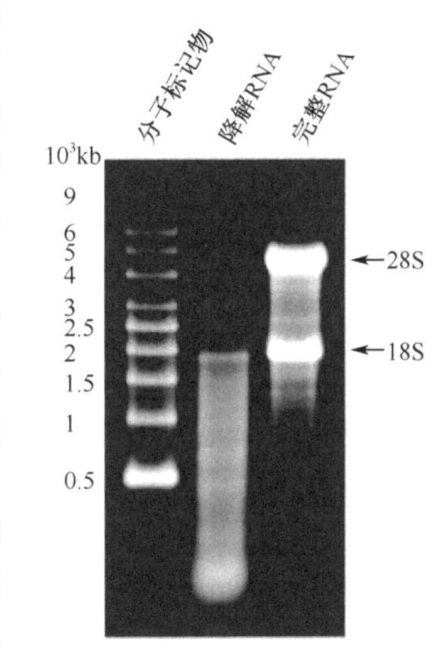

图1　完整的以及降解的RNA
（引自 http://www.ambion.com/techlib/apped/supp/ma_gel.html）

希望所有将要或者正在进行RNA提取操作的兄弟姐妹们都牢记这个教训。RNA的提取和外科手术一样有着严格的操作规范，虽然琐碎，却是必要的，一时的偷懒，忽略某些看似毫无

* 胡平，广州南方医科大学微生物学系，510515

必要的细节，就可能导致整个实验的失败。

点　评

归根结底，RNA 工作的主要问题是防止 RNA 酶的污染。RNA 酶无处不在，在实验操作的任何一步，任何偶然的疏忽或不妥当的操作都有可能造成 RNA 酶的污染，从而导致整个实验的失败。

安全小贴士

严格控制实验条件，避免每一个环节中 RNase 的污染，是保证实验成功的关键。为此，必须做到以下几点：

1. 如果可能，实验室应专门辟出 RNA 操作区，离心机、移液器、试剂等均应专用。RNA 操作区应保持清洁，并定期行除菌。

2. 操作过程中应始终戴一次性橡胶手套，并经常更换，以防止手、臂上的细菌和真菌以及人体自身分泌的 RNA 酶带到试管或污染用具，尽避免使用一次性塑料手套。塑料手套不但常常造成操作不便，且塑料手套的多出部分常常在器具的 RNase 污染处和 RNase-free 处传递 RNase，扩大污染。

3. 避免在操作中说话聊天。也可以戴口罩以防止引起 RNA 酶污染。

4. 尽量使用一次性的塑料制品，尽量避免共用器具如滤纸、tips、tubes 等，以防交叉污染。例如，从事 RNA 探针工作的研究者经常使用 RNase H、T1 等，质粒提取中则需使用 RNase A。在操作过程中极有可能造成移液器、离心机等的污染。而这些污染了的器具是 RNA 操作的大敌。

5. 关于一次性塑料制品，建议使用厂家供应的出厂前已经灭菌的 tips 和 tubes 等。多数厂家供应的无菌塑料制品很少有 RNA 酶污染，买来后可直接用于 RNA 操作。许多研究者用 DEPC 等处理的塑料制品，往往由于二次污染而带有 RNA 酶，从而导致实验失败。湿热灭菌过程也可能引入 RNase 污染。

6. 配制溶液用的酒精、异丙醇、Tris 等应采用未开封的新瓶。

7. 目前已经有一些试剂可以代替毒性较大的 DEPC，如 RNase Away™，操作简单，价格低，且无毒性。只需将 RNase Away™ 直接倒在玻璃器皿和塑料器皿的表面，浸泡后用水冲洗去除，即可以快速去除器皿表面的 RNase，并且不会残留而干扰后继实验。

8. DEPC 不能用于去除含有 Tris 的溶液。可用 DEPC 处理后的水来配制溶

液。需要注意的是：

① DEPC 在水溶液中半衰期只有 30min，因此，DEPC 水溶液不要重复利用（如多次浸泡枪头等）；

② 去除水中痕量 DEPC 水溶液只要进行 15～20min 的高压灭菌，DEPC 会分解为二氧化碳和乙醇。灭菌后往往还能闻到一种香味，实际上为乙醇同溶液中残留的微量的羧酸（如甲酸和乙酸等）反应产生的挥发性脂类，非 DEPC 残留；

③DEPC 使用时浓度并非越高越好，浓度越高，分解后留下的副产物越多，一些副产物可能抑制后续酶促反应。

9. 如果您需要远距离运输或长期储藏 RNA 样品，建议先将标本（细胞、组织）保存在 RNA 保存液（如 RNAwait、RNAlater）中，使细胞内的 RNA 与 RNA 酶分离，在室温可以保存 7 天，4℃可以保存 4 周，−20℃、−80℃可以长期存档保存标本，RNA 质量不受影响，用各类方法抽提仍可以获得高质量的 RNA。

另外，注意 RNA 抽提过程中的有毒有害试剂：如 TRIZOL、DEPC、氯仿的使用安全。

RNAi，“干扰”了谁？

作者：胡　平

实验室手记

RNA 干扰（RNAi）技术本来不是我论文的一个必需部分，但是为了让自己的科研经历和论文能丰满一些，我软硬兼施，终于成功“逼的”导师破费。可当时我怎么也无法料到这个辛辛苦苦求来的机会却最终成为我最大的滑铁卢。

对我们实验室而言，RNAi 一直是未曾涉足过的技术，因此虽然解决了经济问题，实际操作经验却无从得觅。我花费了大量的精力在 siRNA 的设计上，在网上筛选过作用靶点；查过文献也请教过做过 RNAi 的高手，最终设计出几条我自认为很完美的 siRNA。为了赶在毕业前拿到结果，我直接送公司合成了这些 siRNA。

我信心十足的认为最关键的难点已经解决，剩下的应该水到渠成，却紧接着就发现我转染的细胞始终没有任何抑制信号（我是用 lipo2000 进行转染的），增加 siRNA 的量也一样枉然。最终，我也没能在毕业前完成这个实验。而直到毕业答辩之后，我才了解到我所采用的细胞（HUVEC）用 lipo2000 试剂的转染效率很低，应该采用电穿孔或者其他转染方式。在实验设计的时候，我忽略了转染方式和细胞类型的应该相互匹配，最终导致我付出了许多努力的实验中途夭折。

虽然接手我工作的师弟在改变了转染方式以后，成功地转染了细胞并最终完成了实验，给了我少许的安慰，但对我来说这个失败的实验依然是非常惨痛的教训，也让我深深感到谨慎全面的实验设计是何等的重要。

点　评

RNAi 是目前炙手可热的基因沉默技术。作为 RNAi 实验，关键的难点主要在于 siRNA 或者 shRNA 的设计，以及随后的转染以及沉默效果的鉴定。siRNA 的设计自然是实验需要考虑的重点，但是选择合适的转染方式以及靶细胞同样是实验的关键部分。如果

无法获得满意的转染效率，即便设计的 siRNA 能非常有效的沉默靶基因，也会为低下的转染效率所累，而最终无法获得可以接受的 RNA 干涉效果。

操作小贴士

siRNA、siRNA 表达载体或表达框架转导至真核细胞中的方法主要有以下几种：磷酸钙共沉淀法、电穿孔法、DEAE-葡聚糖和 polybrene 法、机械法，如显微注射和基因枪（biolistic particle），及阳离子脂质体试剂法。而为了达到高的转染效率，在转染实验过程中，需要注意以下几点。

1. 纯化 siRNA：

在转染前要确认 siRNA 的大小和纯度。为得到高纯度的 siRNA，推荐用玻璃纤维结合，洗脱或通过 15%～20%丙烯酰胺胶除去反应中多余的核苷酸、小的寡核苷酸、蛋白和盐离子。

注意：化学合成的 RNA 通常需要跑胶电泳纯化，即 PAGE 胶纯化。

2. 避免 RNA 酶污染：

微量的 RNA 酶将导致 siRNA 实验失败。由于实验环境中 RNA 酶普遍存在，如皮肤，头发，所有徒手接触过的物品或暴露在空气中的物品等，此保证实验每个步骤不受 RNA 酶污染非常重要。

3. 健康的细胞培养物和严格的操作确保转染的重复性：

通常，健康的细胞转染效率较高。此外，较低的传代数能确保每次实验所用细胞的稳定性。为了优化实验，推荐用 50 代以下的转染细胞，否则细胞转染效率会随时间明显下降。

4. 避免使用抗生素：

Ambion 公司推荐从细胞种植到转染后 72 小时期间避免使用抗生素。抗生素会在穿透的细胞中积累毒素。有些细胞和转染试剂在 siRNA 转染时需要无血清的条件。这种情况下，可同时用正常培养基和无血清培养基做对比实验，以得到最佳转染效果。

5. 选择合适的转染试剂：

针对 siRNA 制备方法以及靶细胞类型的不同，选择好的转染试剂和优化的操作对 siRNA 实验的成功至关重要。

6. 通过合适的阳性对照优化转染和检测条件：

对大多数细胞，看家基因是较好的阳性对照。将不同浓度的阳性对照的 siRNA转入靶细胞（同样适合实验靶 siRNA），转染 48 小时后统计对照蛋白或

mRNA相对于未转染细胞的降低水平。过多的 siRNA 将导致细胞毒性以至死亡。

7. 通过标记 siRNA 来优化实验：

荧光标记的 siRNA 能用来分析 siRNA 稳定性和转染效率。标记的 siRNA 还可用作 siRNA 胞内定位及双标记实验（配合标记抗体）来追踪转染过程中导入了 siRNA 的细胞，将转染与靶蛋白表达的下调结合起来。

双向电泳实验手记

作者：柳亦松*

实验室手记

在双向电泳实验过程中经常看到很多新进实验室的师弟师妹们随意浪费试剂，损坏玻璃和实验器械，最后还抱怨实验室条件太差或者说自己运气不好，我真的是很心痛。以前整个实验室就一套双向电泳系统，损坏了其中任何一个部件对我们的试验都会造成毁灭性的打击。现在实验室有数套 IPGPHOR 和垂直板电泳系统，但是一些重要部件的损坏频率确实让人心惊。

某次一位师弟初次制胶的时候，因为怕漏胶而玻璃支架拧得太紧，不懂得要平衡玻璃板的压力，在完成双向电泳之后，卸板子的时候发现 4 块玻璃板中有 3 块都出现了损坏，一下就损失了几千块钱，而且从国外订玻璃板还需要比较长的时间。

另外一次是在一向电泳实验中，使用的是 GE HEALTH 的 IPGPHOR 系统。那天天气很热，而做实验的人却没有开空调，而 IPGPHOR 系统自身有 20 度的表面冷却系统，因此导致了仪器镀金电极板和盖子上面大量积水，造成短路，不仅电极板表面烧坏了一大块，而且还出现了少量的电打火现象（见图 1A）。所幸电泳仪的电源有自动保护断电功能，所以没造成进一步的损失，但是对于实验的影响是巨大的——不但 IPG 胶条烧焦了，电泳槽的电极也烧焦了，同时在电极板上留下了一大块烧痕，使得以后放置胶条的时候都必须想办法避开。

还有一次我看见一位实验员在准备双向电泳的灌胶夹，冲洗后想直接将夹缝中的水甩干，结果导致压玻璃板的压条在连接处被折断了，我不得不拿出一套新架子让他重新做胶。这种夹子都是一对的，坏了一只，等于另外一只也报废了(很多时候往往坏的都是同一边)。实验室同样的夹子损坏的不只这一个，全部丢掉了真的很可惜，于是我考虑如何能让损坏的夹子得到“新生”。用过安玛西亚的胶条的人肯定都知道每袋胶条里面都有一个白色的硬塑料板，我把它剪成小长

* 柳亦松，湖南师范大学生命科学学院，410081

条用AB胶黏在架子背面，最后终于将压条重新连接了起来！（见图1B，后来改用了一种黄色的硬塑板，因为这种材料稍软一些）于是实验室里所有坏了的架子又能够重新使用了。

点　评

2D-PAGE实验是一个历时悠久而又经常能够推陈出新的实验手段，到现在仍然是蛋白质组学领域中最基础、最稳定和最直观的手段之一。2D的试验流程已经非常成熟，我们在做实验的过程中需要首先了解清楚2D的分离和各个步骤原理，然后在具体的研究过程中遵照既定的实验方法并且排除掉一些环境和试剂的干扰就一定能获得漂亮的结果；但是在实验过程中要注意保护自己的安全，同时也要爱护实验仪器，这样才能够得到稳定的结果。

安全小贴士

在双向电泳过程中要注意的事项：

1. 在上样之前要认真清洗胶条槽，使用公司专门配置的去蛋白CLEAN UP效果会更好。因为在上一次实验过程中的样本蛋白的残留有时会对结果造成巨大的影响。

2. 胶条盒清洗干净之后可以自然晾干，如果时间紧促的话可放入烘箱低温烘干，不推荐使用吹风机，因为一方面吹风机容易造成电极变形，另外电吹风只能烘干表面，而IEF的时候里面的水分渗透出来会稀释样本。

3. 一向电泳的IPGPHOR所放置的房间要小，而且一定要有空调，以维持一个相对恒温恒湿的环境。放置胶条槽的时候要避开电极板被烧毁的部位（见图1A），在一向运行过程中，一定要注意查看电极板表面是否有溢出的覆盖油和水分，有的话需注意擦干。

4. 二向电泳的隔条千万不能用电吹风吹，只要洗干净后自然晾干或者用滤纸擦干就可以了。否则一旦变形，将不能使用。

5. 在双向电泳中经常接触到的一些试剂是有剧毒或者神经毒性的，如丙烯酰胺、N,N'-亚甲双丙烯酰胺、十二烷基硫酸钠、过硫酸铵等，所以在试验的过程中一定要注意保护自身以及他人的身体健康。

危害的补救措施

1. 一向 IEF 电极板出现短路，并且烧焦电极，导致电压上不去怎样处理？

遇到这种情况我们唯一的目标就是尽可能地让样品先跑完，因为样本是最珍贵的。由于电极板表面可是数千伏的高压，所以首先应将仪器暂时 STOP，将放有样品和 IPG 胶条的胶条槽小心地水平拿起，并放置到垫了滤纸的盒子中。随后将胶条槽的电极上的水擦干，同时用去脂棉球小心的擦拭一向的电极板，特别是烧焦的部分，将溢出的覆盖油和水擦拭干净。电极板表面具有 20℃的自动 COOL DOWN 的功能，如果空气中湿度较大的话，马上又会有水汽凝结出来，所以可能要多擦拭几遍。完成以上的步骤之后补充点覆盖油，然后将胶条槽放上电极板（注意避开烧焦的部位），随后可以大幅度的提高电压，注意观察电极板如果出现渗水现象，则需要再擦干。

2. 二向电泳灌胶的时候发生漏胶怎么办？

这个时候因为胶是未聚合的，因此具有毒性，我们一定要尽量避免漏胶或者直接接触到这些液体。乳胶手套是必备的！然后如果发现漏胶又不想重配的话（因为要重新洗玻璃板和灌胶，工作量相当大），可以用热琼脂糖加在二向胶板的四周，尽量堵住漏洞。

在二向电泳进行过程中，有时会发生上槽液漏液的现象，严重的会导致电泳停止或者电极短路电火花，这时必须根据漏液的严重程度来补救。如果漏液速度很快，应立即中断二向，然后倾倒上清液并且重新用琼脂糖来封好玻璃板上缘（速度一定要快，因为在已经加了电压使得蛋白质进入了浓缩胶后，蛋白质已经压成了一个薄层，这个时候停止加电压，蛋白质会发生自由扩散），封好后，补充电极缓冲液，然后继续电泳。此时可能还是会有一点点漏，你只能在配置的时候预留一点，看见少了就补，坚持 4～5 个小时等二向电泳跑完。

3. 如果二向电泳的玻璃板支架因为洗的时候损坏了，先暂时不要丢弃断掉的部分，可以在背面加一个小条用 AB 胶黏起来，还能够继续使用（甚至比原来的夹子还好用），见图 1B。

图片

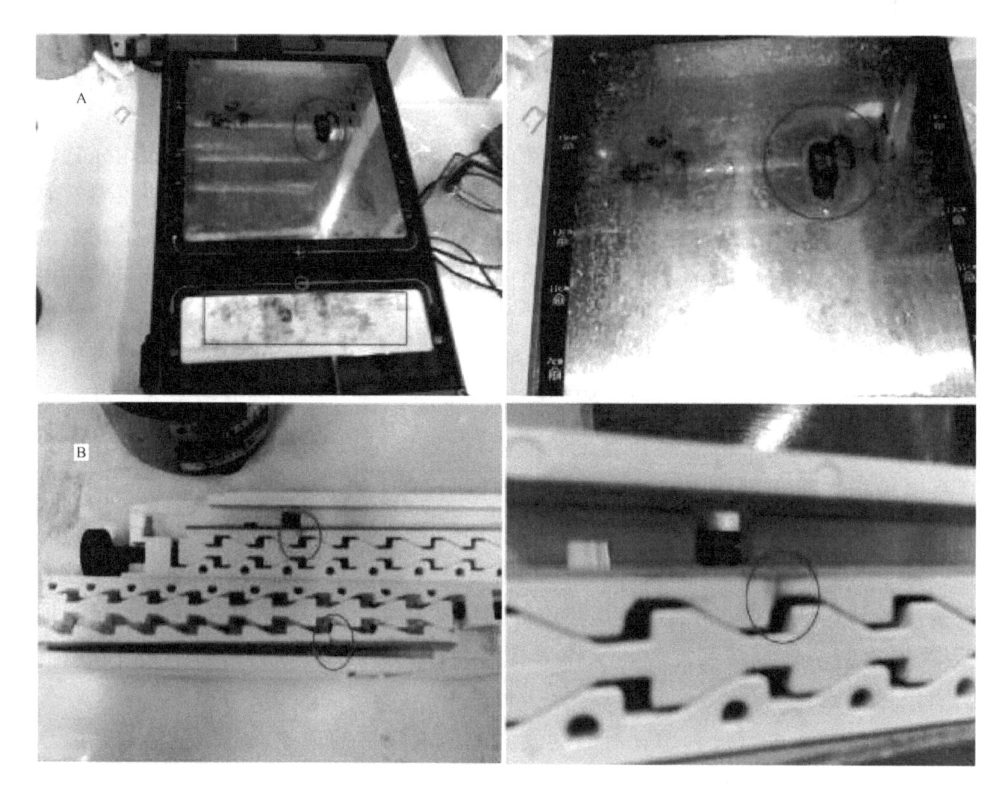

图 1

参考文献

1. 梁宋平，谢锦云等. 2008. 蛋白质组学核心技术试验（内部资料）.

2. Berkelman T，Stenstedt T. 1998. 2-D Electrophoresis Using Immobilized pH Gradients：Principles & Methods. Amersham Pharmacia Biotech Inc Press

3. 汪家政，范明. 2000. 蛋白质技术手册. 北京：科学出版社

自以为是的代价

——高效液相色谱柱污染事件

作者：韦桂峰

实验室手记

本研究单位要进行一项试验，主要内容是提高中药颗粒剂转胶囊剂质量方法学研究的标准。于是我们利用高效液相色谱仪进行含量测定。

当事人提取样品时，在分液漏斗分层萃取这一步，在没有征询任何人的情况之下自以为是的将废液层配成供试品液，并亲自进样，结果导致了高效液相色谱仪系统压力异常升高并报警停机。现场原因排查时，当事人推说是制定的方案有问题，与她的操作无关，负责这个项目的老师安排她重新操作一遍，才在分层萃取这一步骤发现了问题所在。

几天后色谱柱的销售人员打开问题色谱柱的柱头，检查到样品在柱头有严重沉积（这可是刚买不久的价值近三千多元的进口柱），从而证实了我们之前可能进错样品的判断，至此当事人才无话可说，不得不承认自己的操作失误。但因为色谱柱被污染得过于严重，经过销售人员处理后，都无法恢复正常压力，最后只能被迫更换了新的色谱柱。

这个“自以为是”让我们付出的代价是三千多元的经济损失和对当事人最基本的信任。

点　评

不怕不懂，就怕不懂装懂。人不可能是全能的，不懂不丢人，丢人的是不懂装懂闹出笑话。对于刚进实验室的新人甚至我们所有人，少些自以为，是多点不耻下问可以让我们少走很多弯路，这才能使我们的能力真正得到提高。

安全小贴士

减少色谱柱的污染，延长柱寿命，我们可以在日常操作中采取以下措施：

1. 加流路过滤器和保护柱。

2. 水溶性流动相会引起微生物生长而造成阻塞柱。色谱柱应存放在纯有机溶剂液体或添加了50％有机溶剂的水中。

3. 净化样品。

4. 用强溶剂定期冲洗柱子。

危害的补救措施

当色谱柱被污染导致柱系统压力异常增大时，我们可以采取以下两种措施进行补救：

1. 拆开柱与检测器之间的接头，用约30～50ml能溶解所用样品的溶剂正向或反向（柱条件允许柱出口接在泵上）冲洗直到压力恢复正常为止。

2. 如冲洗无效，先更换烧结不锈钢过滤片：拆下柱，拧开柱头上的压帽，持垂直方向小心取出不锈钢过滤片，换上全新的滤片（换滤片时尽量不要搅动柱头填料，如有塌陷，可用同种填料加乙醇调成糊状补平柱头，压紧，压平）。如果柱头填料已脏，可挖去2～3mm，用新填料补平。

参考文献

1. 吴方迪. 2001. 色谱仪器维护与故障排除. 北京：化学工业出版社，127～129

电泳仪和电泳槽

——“小仪器的大问题”

作者：吴　璿

实验室手记

做生物学实验，经常要跑电泳。别看电泳仪和电泳槽是小仪器，但是如果很多操作不注意，等到出了问题，还真是会造成很大不便。

实验室里曾有一员“猛将”，误将 50× 的 TAE 当成 1× 的直接倒进电泳槽，结果将保险丝烧坏。可是这位同学害怕被批评，选择了默不作声。毫不知情的我，像平时一样上样，打开电源开关就走开了。半小时后，我发现我的样品居然“纹丝不动”，只是已经弥散开来。检查后才发现原来是电泳槽坏了。内心五味陈杂：怒，因为其隐瞒不报；哀，因为自己太大意，没有经过检查就离开了。

后来实验室又添置了几台电泳槽，一台电泳仪要接 2～3 台电泳槽。有一次，一台电泳槽正在进行电泳，而我也想跑胶，就想当然的在仪器通电的情况下，想把另一台电泳槽的输出导线插头给插上，刚刚插了正极，路过的师姐大喝一声：“你干什么呢你!!”我吃了一惊，内心纳闷：“我干什么了我？正极对着正极没错啊。”师姐让我把电泳仪的使用说明书看 10 遍，然后告诉她我哪里做错了。哦，天啊!! 白纸黑字赫然写着“仪器通电后，不要临时增加或拔除输出导线插头，以防短路现象发生!”

还看到过一个无畏的师弟，跑完电泳，没断电，直接用手（带了乳胶手套）去抓胶。那可是 100 V 的电压。虽然他并没受什么伤害，不过谁担保以后不会出事呢??我也让那个师弟把使用说明书看上 10 遍……这不是惩罚，而是一种安全教育。

做实验疏忽大意，固然让人又气又恨；可是，由于无知而犯下的错误，就让人哭笑不得了。有些刚进入实验室的同学，不知道电泳槽电极附近有铂金丝部分裸露在外，于是在更换电泳液的时候，居然用自来水大力冲洗电泳槽，有的甚至用手去擦洗，稍有不慎就会弄断铂金丝。我们实验室有两个电泳槽就是因为频繁更换电泳液，不小心弄坏铂金丝，掉下来的部分再也不见踪影。铂金丝比较软又十分昂贵，几乎占整个电泳槽价格的 80%，这种原因造成的损耗实在令人很心痛。

点　评

初进实验室，操作仪器之前需要有专人指导，并通读仪器的使用说明书，切忌“想当然”。另外仪器使用过程中发现异常现象，如较大噪音、放电或异常气味等，必须立即切断电源，及时向负责老师汇报，不要试图隐瞒不报，这不但有可能给大家的实验造成影响，也可能埋下安全隐患。

安全小贴士

1. 电泳槽的电极与电泳仪的直流输出端连接，注意极性不要接反。

2. 电泳仪通电后，不要临时增加或拔除输出导线插头，以防短路现象发生；也不能在通电状态下在电泳槽内取放任何东西，如需要应先断电，以免触电[1]。

3. 允许在稳压状态下空载开机，但在稳流状态下必须先接好负载再开机，否则电压表指针将大幅度跳动，容易造成不必要的人为机器损坏。

4. 使用 TAE（Tris-acetate-EDTA）电泳缓冲液时，TAE 的缓冲容量较低，长时间电泳会被消耗，因此需要定期更换[2]。恒压状态时 TAE 电泳，新换的电泳液电流值较低，久用的电泳液电流值较高。

判断是否需要更换 TAE 的小窍门：同一电泳槽，在恒压（如 100V）不负载的情况下，记录新换电泳液的电流值和久用时的电流值，待到电流值上升到一定程度之后，即需更换。

5. 小心更换电泳液，小心清洗电泳槽，以防弄断铂金丝。

危害的补救措施

电泳仪的使用，主要是避免触电和机器短路。若发生短路，需更换保险丝，注意不可使用铜丝或铁丝代替。至于触电，任何补救措施都不如规范操作，防患未然的好。永远记住，安全第一！

参考文献

1. 天能（Tanon）EPS-300 电泳仪用户手册［EB/OL］. 2009. http://www. bio-tanon. com. cn/htm/eps300. htm

2. Sambrook J，Russell D. 黄培堂等译. 2002. 分子克隆实验指南（第 3 版）. 北京：科学出版社. 391

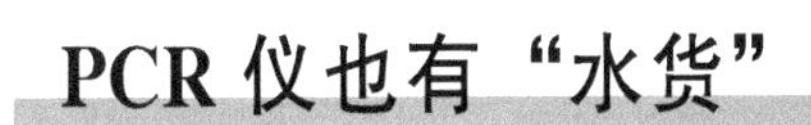

PCR 仪也有“水货”

作者：小军医

实验室手记

实验室 PCR 仪（GE 公司的）的退火温度不准了，导师让我找厂家检修一下，但因为机器买的时间已经超过了保修期，联系厂家后告知只能付费维修，费用在 1500 元左右，导师同意，公司来人把机器取走，一切顺利。不料两天后突然噩耗传来：机器在厂家维修时主板被烧了！！

事情的经过如下：维修的厂家说我们的 PCR 仪是“水货”，本应该销往新加坡的，因为新加坡的市电为 110V，所以我们的仪器只能接 110V 的电源，中国地区 PCR 仪“行货”都是 220V 的，因为我们没有提醒厂家，他把我们的机器拿回去后估计也没有仔细分辨，直接插在了 220V 插座上……一股青烟冒出，主板烧掉！！！那为什么在我们实验室用时就没问题呢，不也用的是 220V 的电源吗？经检查后发现大家之前用的时候电源是先经过一个稳压器上转为 110V 再连接的 PCR 仪，只是之前并没有人仔细观察过。结局是原定 1500 元修好的，最后花了 8000 多元，虽然多余部分由维修公司支付了，但还是觉得很冤啊！

此事到此并没有结束，由于实验室研究生经常换人，中间实验室还经历了一次搬家，同样的原因 PCR 仪又烧了两次，至此，此仪器已经报废！

后来实验室又购进了两台 PCR 仪，我们把它们并列摆放在一起，后来发现一台仪器工作时发出高温报警。最后找到的原因令人意外：两台仪器距离太近，其中一台仪器风机降温吹出的热气流干扰了另一台仪器的温度控制功能！后来发现在夏季最热时，仪器也发生过热报警。我们特意给了 PCR 仪空调房的待遇，半年左右清理一次灰尘，仪器再也没有出现什么意外故障了！

点　评

导致此仪器损害的主要原因是使用不当，应把使用说明和注意事项贴在仪器的显著部位或仪器登记本上，使用者应详细了解仪器使用方法后再应用。

安全小贴士

实验室贵重仪器的应用一定要有操作规程，使用前应查阅登记本并填写使用记录，只有规范的管理才能保证仪器的安全和实验者的安全。PCR 仪器主要原理与基本计量要素密切相关，对温度控制的准确度和速度要求均较高，一旦失控，仪器将不能正常工作，因此 PCR 仪也需要定期检测和维护。在仪器的维护保养中，需要注意以下问题：

1. PCR 仪器需要定期检测保养，一般请公司售后服务人员每半年进行一次，可以延长 PCR 仪的使用寿命。

2. PCR 反应的要求温度与实际分布的反应温度是一致的，但是当检测发现各孔平均温度差偏离设置温度大于 1～2℃时，可以运用温度修正法纠正 PCR 实际反应温度差。

3. PCR 反应过程的关键是升、降温过程中的时间控制，要求越短越好，当 PCR 仪的降温过程超过 60 秒，就应该检查仪器的制冷系统。

4. PCR 仪应放置于清洁的房间，经常清理废移液枪头和 PCR 管，防止灰尘和小件杂物被吸入 PCR 仪风机，造成降温过程的异常。

5. 如果有两台以上 PCR 仪，放置时要留有一定距离，防止两台仪器升、降温时气流互相干扰。

6. 一般情况如能采用温度修正法纠正仪器的温度时，不要轻易打开或调整仪器的电子控制部件，必要时要请专业人员修理或利用仪器电子线路详细图纸进行维修。

7. PCR 程序设置时最后一步不建议采取 4℃过夜，可适当提高到 10℃左右，以延长仪器寿命。

危害的补救措施

当 PCR 扩增不出结果，特别是在其他 PCR 仪上可以明显扩增出片段，而在此台 PCR 仪不能得到预期结果时，可高度怀疑 PCR 仪器出现异常，应立刻联系该 PCR 生产厂家或售后服务人员进行维修。

图片

图 1 PCR 仪周围太多杂物，可能干扰仪器降温，杂物被吸入风机还可能造成仪器过热故障

离心机“很强很暴力”?

作者：Biowind

实验室手记

离心机是分子生物学实验室不可缺少的仪器之一，小的仅手掌那么大，大的酷似超大容量的洗衣机。我经历过两个实验室，耳闻目睹了数起离心机事故，小至离心管损坏、样品丢失，大至离心机转子损坏，总结原因，绝大部分还是源于实验人员的操作不当。记得初识离心机威力是在读研究生期间，实验室内有一台 Beckman Avanti J-25 型高速离心机，用过的人应该知道：这个型号离心机转子的盖子有两层，下面的菊花形旋钮用于把盖子固定在转子上，上层的圆型旋钮则是把整个转子固定在中心转轴上，两层都要旋紧，且次序不能错。而一次一位师弟忘记旋上层旋钮，离心机刚刚启动不久就听到有硬物在离心机腔内撞击的巨响，同时闻到一股焦味，师弟反应还算及时，抢上前去按下了“Stop”键，好久撞击声才慢慢缓和——停止。好容易回过神儿来，师弟战战兢兢地开启了离心机舱门，原来是转子的盖子飞了出来，在离心机腔内旋转碰撞，在钢质的壁上留下了一道很深的凹痕，而密封圈由于摩擦几乎烧焦。工程师来检查说，转子已经损坏，所幸制动及时，转子没有飞出来，而离心机转轴也未受到影响，所以更换转子即可。据工程师说有过北京某实验室立式冷冻离心机转子冲破离心机舱门打在实验室墙壁造成严重损害的严重事故。

这起事故带给我们 3 万元的损失和 3 个月没有该型号转子使用。从此离心机给这位师弟心理上带来了挥之不去的阴影，后来他毕业后工作单位居然就在 Beckman 中国上海总部的楼上。据师弟自己说，每次电梯经过该楼层时他的心里都还会打个激灵！其实不只是师弟，连我也因此有一种“强迫症”，每每操作离心机时，关上舱门后还是不放心，要再开启检查一次，确认无误方敢启动，然后大气不敢出，细听运转之声，手指放在“Stop”键上，有风吹草动即中止操作，至运行平稳 1～3 分钟后方敢离开。最终至离心结束，关闭电源，心中大石才算落地。

点　评

离心机常发生的事故一般有：未能严格配平导致在高速离心时转子飞出造成人员伤害；转子未固定于转轴上导致离心时转子从转轴脱落而飞出；转子内部出现裂纹在高速离心时突然碎裂；皮带断裂导致上盖打开后转子仍在转。

前两种原因最为常见，而究其原因，还是操作人员的操作不当导致，所以，只要细心，尽可以在离心机旁静听平稳的运转声，想像着你的样品在优美地高速飞旋，沉降。

安全小贴士

1. 关于离心机转子

离心机转子在转轴放置的状态基本分为三种：一种是转子底部有“齿槽”，要与转轴上的“齿槽”凸凹相对卡住；另一种则无，垂直放下即可，还有一种是要通过仪器配置的扳手用螺丝将转子拧紧固定在转轴上的（台式离心机常见）；同时转子还分带有盖子和不带盖子两种，某些型号离心机盖子较复杂（如 Beckman Avanti J-25 冷冻离心机），两层旋钮，功能见前文所述；而多数台式离心机只是把盖子固定在转子上，具体方式不同。记住，只要该仪器配置了盖子的，即使是瞬时离心，也请养成加盖的习惯！

2. 关于离心管

①首先是要配平，当样品是相同密度液体、使用完全相同型号离心管时可凭肉眼测量液面持平，但离心管中不同样品密度相差较大时应用天平称量配平。转速越高对配平的要求越严格！

②离心管在转子中呈辐射对称/中心对称放置，离心管个数达不到要求时添置配平管。

③考虑离心管材质，不同的材质承受不同大小的离心力，购买、使用前请详细向厂家查询。

④高速离心机用角转子时，离心管内液体最好不要装满，以免离心时样品形成倾斜面渗漏到转子管腔内腐蚀转子的表层。

【重要提示】　对于超速离心机则相反，液体必须装满离心管，不能留有空隙，否则离心过程中离心管会变形损坏！

3. 按照要求使用离心机，如最大转速，尤其要区分 rpm 和 g，有些离心机有自我保护装置，超过设定的最大值会提示出错，但防患于未然，应在使用前确定离心参数。

4. 使用碱性洗剂会腐蚀已酸化处理的表层，应用非腐蚀性的消毒剂。腐蚀性溶液黏到转子上时必须立即擦净，腐蚀而造成转子失去平衡，引起事故。

5. 冷冻离心机在离心结束后腔体内壁往往积累一层冰霜，不可关闭盖子，待冰霜融化后用棉布擦去水渍，避免腔体生锈。

危害的补救措施

1. 离心操作按下“Start”键后不要马上离开，细心聆听离心运转声音是否有异常，有异常声响立即按“Stop”键中止操作，此举在离心速率未达到很高时对减小损失很有帮助，但如果操作太迟的话，也要注意个人人身安全!

2. 离心中途发生断电情况下，断开仪器电源，应待离心机转子自然减速停下，不可强行打开离心机舱门强迫转子停止。有些离心机带有手动打开舱门的装置，转子静息后用力拉即可打开取出样品。需要说明的是每台离心机情况不同，具体请询问仪器工程师，不可用其他工具破坏离心机。

图片

图 1　所示为因转子未固定到转轴上即启动运转而损坏的转子（底面）

娇贵的液质联用质谱仪

作者：柳亦松

实验室手记

从 J. J. Thomson 制成第一台质谱仪，到现在已近 100 年了。早期的质谱仪主要是用来进行同位素测定和无机元素分析，后来逐渐应用于有机物的研究，随着技术进步又发展出了基质辅助激光解吸电离源（MALDI）、电喷雾电离源（ESI）以及随之而来的比较成熟的液相色谱-质谱联用（LC/MS）、傅里叶变换质谱（FT）等。近 10 年，质谱技术也被应用到蛋白质组学领域。

我们实验室的数台质谱仪其实也可以说是见证了质谱的发展和应用过程，从最开始的最简单的 MALDI-TOF，简单的 LC/MS，然后高级的可以做 PSD 的 MALDI-TOF 和能测序的 Q-TOF，再到目前国际上比较主流的 MALDI-TOF/TOF 和 LC/MSMS。说起来看似很轻松，但熟悉质谱仪的人都知道，质谱是大型精密仪器，不仅购买的费用相当昂贵，而且如果操作不注意或者没有很好的维护，造成关键部件损坏的话，会给实验室造成动辄数十万的维修费用！

就我所经历的质谱使用过程中，出的事故不一而足，有时候因为氮气纯度问题造成激光源损耗，也有因为操作不注意造成进样器损坏。常常因为各种原因，有的时候实验室 3、4 台质谱居然没有 1 台处于正常工作状态，严重干扰了实验的正常进度。其中一次比较严重的是因为实验室附近的马路翻修，因此造成了空气中很多灰尘，而实验室有人为了透气，有扇窗户没关，从而导致实验室内飘进大量粉尘，结果直接造成质谱的分子涡轮泵损坏（见图 1A）。工程师来检查的时候一看质谱的真空度良好，就估计是受灰尘影响，结果拆开才发现涡轮泵因为灰尘问题损坏，连有些电路板上都有厚厚的一层泥！更换分子涡轮泵和一些部件给实验室造成了数十万的损失！而起因只不过是灰尘。

此外在仪器使用过程中，一些新进实验室的同学不了解一些试剂的危害，使用时常常不带任何防护，也是十分危险的！例如在使用液相的时候为了判断瓶里是何种液体（有时候没有标签），居然把乙腈就倒在手上，殊不知乙腈有毒而且可以通过皮肤直接吸收。更严重的一次就是在制备一种基质时实验室一个师弟没做防护不小心把氯化亚砜溅到了脸上，造成了严重的灼伤，多亏他是近视眼，眼镜保护了眼部，不然后果不堪设想。

点 评

不仅是质谱仪，很多大型精密仪器的维护和维修都是难点，也是重点。我们在使用过程中不要局限于仅仅了解“怎么做”，而是要更多地去想“为什么这样做”，并且在出现不正常峰或者仪器故障的时候多多请教工程师和有经验的老师、同学，争取使得仪器保持在最佳工作状态。

安全小贴士

1. 保护好仪器。操作过程中要注意事先了解仪器的工作原理，注意操作规程（很多实验室大型仪器都是专人专管），每隔一段时间要进行仪器的常规维护和检查，及时发现和解决问题。一些重要配件可以先买个备份（比如说进样针），从而避免去国外订货造成的大量时间延误。

2. 色谱柱在不使用时要安全保存起来。安全保存中有两大要点：①保存柱子切勿划伤。划伤后的柱子可能由于高温加热而足以使之从划痕处断裂。②堵上柱子两端以保护柱子中的固定液不被氧气和其他污染物所污染。当使用熔凝硅柱时，记住这是一种玻璃材质，一定注意保护眼睛（见图 1C）。

3. 在保护好仪器的同时也要注意保护自己的身体健康，使用的很多试剂有毒，其中包括了乙腈、甲醇、甲酸、乙酸、异丙醇等。上述的这些在 HPLC 和液质联用质谱中使用到的试剂基本上都是具有易燃，腐蚀和刺激性的，所以质谱实验室一定要注意禁止吸烟和明火。

4. 质谱使用的载气一定要干净且纯度高（使用 99.999％或更纯的载气），虽然不同类型的质谱使用的气体要求不同，比如 ABI4800 要求的载气就不需要氮气而可以用空气（当然还是需要过滤的）。

危害的补救措施

1. 质谱实验室首先要注意的是环境的洁净，如果仪器发生了毛细管堵塞的情况，在解决问题的同时，要考虑到实验室的卫生情况，减少进出人员的数量，注意换鞋和使用大型或者小型的空气净

化器来净化空气（见图 1D）。

2. 如果是仪器故障的话，可以按正常规程一步步检查可能的试验问题，如果无法解决可以致电仪器工程师，进行电话联系来判断故障或者进行现场修理，更换部件（比如针头或者激光源）。

3. GCMSD 的污染可以从以下几步来判断：

（1）来源于 GC 的污染包括色谱柱或者隔垫的流失、进样口不洁净、进样口衬管、注射器污染、劣质载气、载气管线不洁净、手印和指纹，以及空气泄漏等。

（2）来源于 MSD 的污染包括：空气泄露、清洗的溶剂、泵油扩散和各部分的指纹等[3]。

4. 从仪器的结构上来看，我们可以从进样口、质量分析器和离子源来分析和解决问题[4]。

（1）进样口常见故障和解决办法

重现性不好：样品黏度，抽样速度，排气泡；

样品残留：增加洗针的次数（溶剂洗针，样品洗针）；

污染和鬼峰：彻底清洗进样针，更换进样垫和衬管；

注射器故障：换针。

（2）质量分析器——四极杆

我们可以从调谐结果判断四极杆的好坏：峰形好，不分叉；同位素丰度比正常；分辨率好为正常。常见故障有：①调谐结果不好；②调谐不稳定。可能的原因是真空问题、四极杆接触不好、四极杆有破损或者是电路板故障。

（3）离子源喷口与 orifice 的位置（参见图 1B）：

影响分子泵的寿命；引起 orifice 堵塞、skimmer 及 Q_0 脏；并不能增加灵敏度，反而使稳定性下降。

堵塞的判断及处理方法：

进样管及 spray tube 堵塞：

用 Syringe 推：直线喷出——没有堵塞；

若堵，取下用 50%水/50%甲醇混合液超声；

超声仍无效，更换进样管及 spray tube。

orifice 堵塞：

现象：灵敏度下降或真空度异常的好。

处理方法：

50%水/50%甲醇混合液清洗 orifice 外部。

不能解决问题时再清洗 orifice 内部。

图片

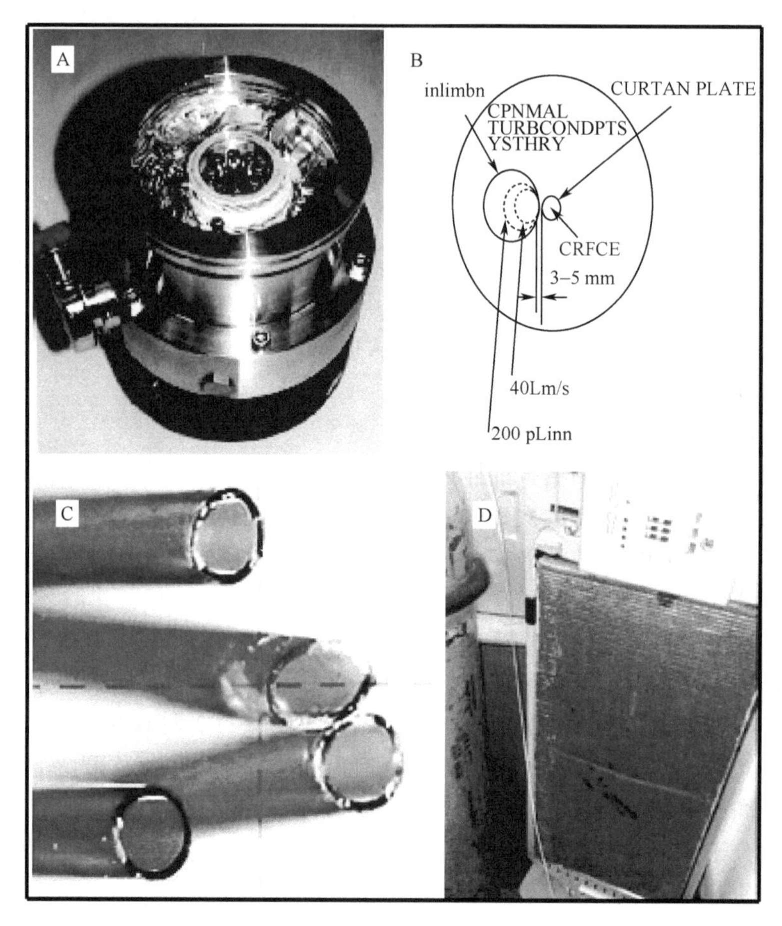

图 1　这是一台在质谱房中使用了半年的小型空气净化器的 HEPA，上面沾满了灰尘并且沾满黑色油渍并混杂有试剂的腥味，说明空气中还存在有大量挥发的试剂

参考文献

1. Herbert BR，Sanchez JC，Bini L. 1997. Ptoteome Research：New Frontiers in Functional Genomics. Berlin：Springer
2. Siuzdak. 2002. Mass Spectrometry for Biotechnology. California：Academic Press
3. Agilent Technologies Inc. 2008. Agilent Technologies 6890/597X GC MSD Routine maintenance
4. Agilent Technologies Inc. 2008. Applied Biosystems LC MS Concise maintenance manual

第三章　细胞实验室

1. 细胞培养中的个人防护
——**Better life, Better data**
2. 细胞培养中酒精灯的使用
——**Use, or not use? That is a question!**
3. 细胞培养操作经验之
——**有沉淀物的血清，拿“鸡肋”怎么办?**
4. 细胞培养操作经验之
——**成也萧何，败也萧何**
5. 细胞培养操作经验之
——**细胞冷冻中的DMSO**
6. 细胞培养操作经验之
——**细胞消化步骤的经验分享**
7. 细胞培养操作经验之
——**亡羊补牢，为时未晚**
8. 细胞培养操作经验之
——**关乎生死存亡的pH**
9. 细胞培养操作经验之
——**“冬眠”的细胞**
10. 实验操作经验之
——**标记事小，马虎不得!**
11. 细胞培养仪器设备之
——**生物安全柜除污记**
12. 细胞培养仪器设备之
——**和二氧化碳钢瓶一起走过的日子**
13. 细胞培养仪器设备之
——**Believe it or not?**
14. 细胞培养仪器设备之
——**液氮罐存取细胞的尴尬**

Better life，Better data

——细胞操作人员防护

作者：吴　瑨

实验室手记

刚上研究生进入实验室时，潜意识中认为做分子、化学实验的过程中有毒有害物质比较多，因此我一直为自己感到庆幸：我大部分实验操作都将是在细胞实验室进行的。我以为细胞房是生物实验室的一块“净土”——只操作比动物还娇贵的细胞，是最安全的操作了。有了多年的实验室经历后才知道这种想法其实是一叶障目、掩耳盗铃。意外出于疏忽是可恨，出于无知则是可悲。

举最简单的例子来说吧：我们细胞房的紫外灯是自动定时的，方便在夜间照射消毒。有的同学因为实验安排的缘故会私自调整时间。你调他也调，就乱了套。某天，我和同学一起处理细胞，期间，房间的紫外灯悄悄在我们头上打开了。由于细胞房的照明加上生物安全柜的采光比较强，我们谁也没留意到紫外灯被开启了。直到我们发觉脸上热烘烘的，耳朵有点烧，才下意识的一瞥头，被惊得跳起来跑出去关了紫外灯。当时真担心自己会得皮肤癌，暗骂自己太疏忽。

细胞培养中常常涉及检测细胞的增殖，MTT 是很基本的实验。实验最后一步需要到细胞室外面的酶标仪上测定 562nm 的吸光值。从细胞室出来，白大褂脱掉、手套、口罩摘掉，往往就是赤手拿着 96 孔板去使用酶标仪。测定完，拿掉了盖子的培养板就没有用了，有时懒得把盖子盖上，就直接往实验台上收集废弃物品的篮子里一放了事。后来一次无意中得知 MTT 有毒性和致突变性，难免心头一惊：原来自己的操作漏洞这么多，MTT 可能已经造成了伤害而我们尚不自知啊！

再看看细胞实验常用的一些诱导剂，多数瓶子上面是画了大大的骷髅头图案的。这些危险品的说明书上，往往只是轻描淡写的标注一句“为了您的安全和健康，请穿实验服并戴一次性手套操作。”究竟如何是正确操作？没有人教过我。如果发生了中毒事件，该如何解决？我不知道。身在危险中，却以为自己很安

全……

奉劝大家一句："好数据，好文章。这不够。"

"好身体，好数据，好文章，这一切，才有意义。"

点 评

细胞毒性药物可通过皮肤接触或吸入等方式造成包括生殖系统、泌尿、肝肾系统的毒害，还可能致畸或损害生育功能。操作过程中不注意个人防护而吸入药物粉尘或雾滴，或药液接触皮肤直接吸收，或间接经口摄入，可引起人体肝脏损害，白细胞减少，自然流产率增高，而且有致癌、致畸、致突变的危险。目前国内实验室对此类药物缺乏规范的管理，操作人员缺乏必要的防护措施，对身心健康造成了极大的威胁。

安全小贴士

1. 基本防护：操作时应穿隔离服，戴口罩、帽子、手套。最好选用无粉剂的乳胶手套，因为含粉剂的乳胶手套可能会吸收部分外溢的药液。若手上有伤口，戴上手套前先将伤口包扎好。

2. 操作人类血液、细胞、组织会面临特殊的危险。最明显的例子为人体血液或体液可能带有乙型肝炎病毒或 AIDS 病毒。若您需要操作这些实验材料，注射乙肝疫苗是非常重要的。一些肿瘤细胞可有潜在的致癌危险。

3. 细胞实验中常涉及的有潜在危险的试剂可分几大类：

①细胞凋亡诱导剂，如放线菌素 D（Actinomycin D）等；

②抗癌药物，一般是强力的毒性物质，抗癌药物可以用来治疗癌症，也可以导致癌症；

③常用试剂或者溶剂：如半乳糖苷酶染色用到铁氰化钾和亚铁氰化钾，吸入或摄入，以及皮肤吸收均可致命；MTT；溶剂 DMSO；细胞的固定液等。

4. 利用病毒载体（腺病毒、慢病毒等）系统生产、包装、浓缩病毒粒子或者感染细胞过程可能带来的感染。

5. 其他物理因素，如紫外线、明火（酒精灯、喷灯、煤气灯）等可能造成的伤害。注射器操作带来的外伤。

危害的补救措施

1. 皮肤损伤和溅洒污染：若发生上述情况请①皮肤及伤口需以优碘擦洗 15 分钟，而后以大量的水冲洗；眼睛或黏膜需以生理盐水冲洗 15 分钟；②通知实验室负责人员；③必要时就医。

2. 紫外线照射后：如皮肤被晒红，可小心地洗掉患处的汗渍与污垢，以防止对皮肤的刺激，之后用冰毛巾等进行冷敷，完成后可使用一些晒后修复作用的化妆品。口服 Vc 可在一定程度上缓解黑色素生成；如眼睛被紫外灼伤，按照电光性眼炎的治疗方案处理。另外有一个有效的“偏方”，就是用人乳汁滴入眼，可有效缓解紫外线对眼睛的伤害。

图片

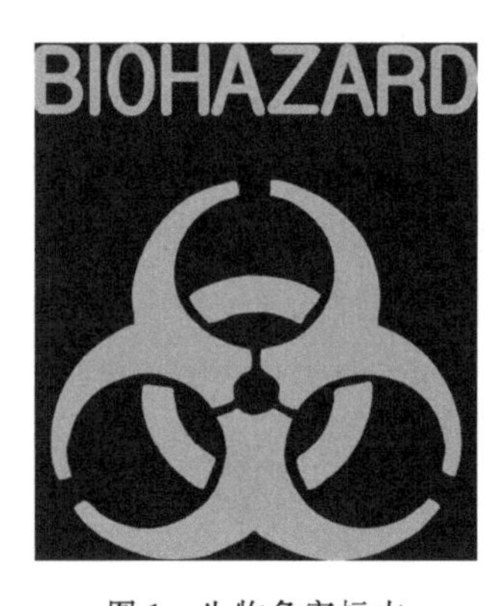

图 1　生物危害标志

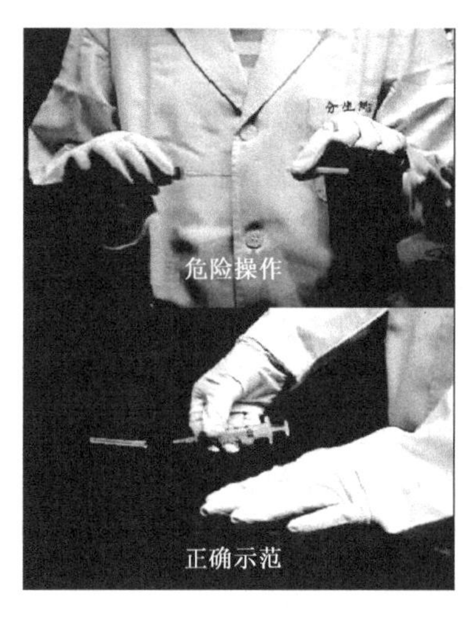

图 2　注射器的操作提示：不用双手套回针筒盖

参考文献

1. 袁凤梅，唐建萍. 2002. 加强接触抗癌药物医护人员的安全保护. 护理管理杂志，2 (6)：40

2. 赵宗江，许波，张晓译. 2005. 分子生物学实验参考手册. 北京：化学工业出版社

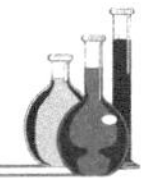

Use, or not use? That is a question!

——细胞培养中酒精灯的使用

作者：张　婧*

实验室手记

刚进实验室时什么都不知道，当时要培养细胞，感觉有一个问题就是细胞培养到底用不用酒精灯始终困扰着我。

实验室的师兄师姐培养细胞都用酒精灯，但我的老师和一位博士师兄他们都在国外做过实验，都告诉我培养细胞不需用酒精灯，当时老师仅仅说用酒精灯没什么作用，而且不安全。其实我知道国内大部分实验室在细胞培养中还不能接受不用酒精灯的观念，有人说某某实验教学片就用酒精灯了，他们认为使用酒精灯可以起到灭菌的效果，其实我以前也这么认为，但是后来我仔细看了一下教学片发现其实片中用的是喷灯而非酒精灯，二者的火焰温度还是有较大差别的。我带着怀疑的态度又查阅了相关书籍，也有争议。但是我发现有一点就是：酒精灯即便是用外焰的温度去烧烤瓶塞或者玻璃吸管也达不到杀灭细菌的效果，只能是固定灰尘。所以后来我也大胆的尝试，在以后培养细胞的日子里从来都不用酒精灯，事实证明，不用酒精灯，只要在培养细胞时遵守规则，细胞也是不会污染的。

研究生二年级的时候，我的一位师妹随了大流用起了酒精灯，结果有一天她用酒精灯不小心就发生了着火事件——酒精灯被打翻在台面上，师妹的头发被突然燃起的火焰烧了许多，幸亏泼撒的酒精不多，否则不堪设想。

点　评

“传统”随着时间的推移和技术的进步，可能会被证明是错误的；“主流”可能更多是盲从或者屈服于“传统”。前人的经验教训一定要听取，但是不能盲目听取，对于自己怀疑的要去查证，不能查证的在确保安全的前提下要大胆地去尝试。

* 张婧，安徽省芜湖市第二人民医院肾内科，241000

安全小贴士

1. 在开放的操作台上（BSC之外），通过灼烧培养瓶口，可以创造向上的气流，预防携带微生物的尘埃坠落入试管或培养瓶。

2. 在生物安全柜几乎没有微生物的环境中，明火是不需要的。在生物安全柜中，明火产生扰动气流，破坏了供向操作台面的洁净空气的流向。

3. 如果确实需要明火，可以使用装备控制火焰大小的微型灯具。这样，柜内空气扰动和加热效应会减少到最低。火焰热气会大大缩短HEPA高效滤层的寿命。

4. 操作中其他物品或者细胞从外面拿到生物安全柜前要经过严格消毒，如用新洁尔灭或75%酒精认真擦拭。

5. 在生物安全柜内使用明火，注意用火安全。尽量减少其他无关杂物。

6. 生物安全柜的HEPA高效滤层不是一劳永逸的，要定时更换，才能保证生物安全柜的洁净等级。

图片

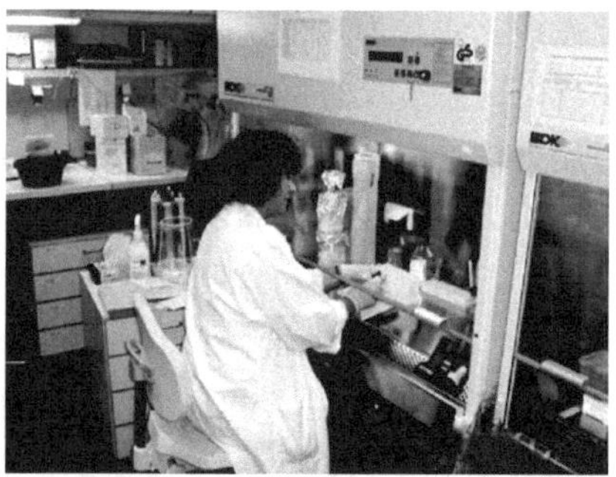

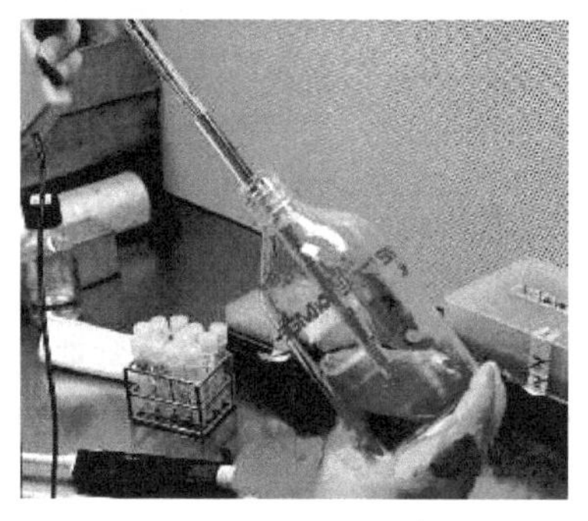

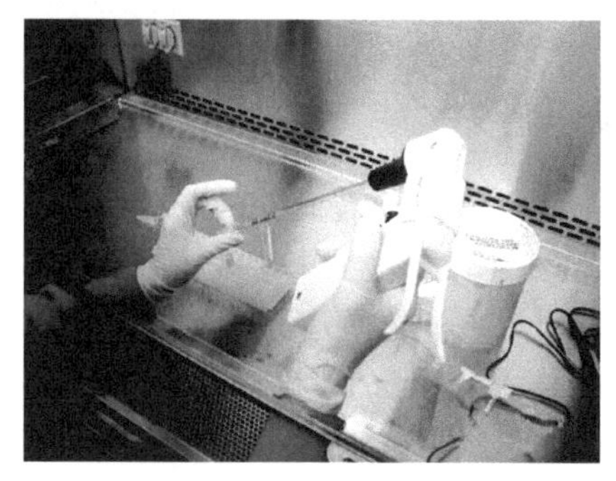

图1　多数国外实验室不使用酒精灯

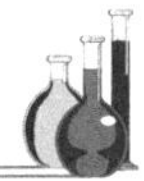

有沉淀物的血清

——拿“鸡肋”怎么办？

作者：吴　瑨

实验室手记

开始细胞实验之后，常常用到血清。最初，血清是师姐领好并小量分装的，冻在－20℃。用的时候取出来，融化后加入培养基中。有一次我急着用血清配培养基，恰好分装好的用完了，于是我去领了一瓶新的500ml的，我想着这么大一瓶放在室温什么时候才化得了啊，就顺手放在37℃条件下了。又想着一时半会儿也做不成细胞了，不如先去做点别的实验，每隔一会过来混匀就可以了。想得是挺好，可是很快就忘在脑后了，等我想起来放在37℃的血清时，都快地老天荒了……师姐说过血清放在37℃久了，容易产生沉淀，有效成分会被破坏而影响血清质量。这么大一瓶，将近两千块钱，要是就这么白白浪费，实在太罪过。担心被师姐责备，只好不断祈祷，希望这瓶血清不要出问题。当时，真是一种心怀鬼胎的忐忑。

后来，实验室要完成一个项目，大量的培养细胞，血清用的很快，一个月用掉500ml完全不成问题，大家就都把血清直接放在4℃了，当时也就没在意。可怕的是，分装血清的习惯被抛弃了，也可以说是被彻底的遗忘了。项目完成后，血清的用量骤然减少，大家都“自觉”地把血清放在4℃，又不能及时用掉。时间长了，血清里面就会有些絮状的沉淀，检菌发现并不是污染，然而却再没人肯用，都宁愿领新的来用。

这些有沉淀物的血清真让人头疼：看着总觉得像污染，万一把细胞污染了怎么办？用着总觉得不放心，万一用这种血清影响了细胞状态，做不出试验怎么办？扔掉又总觉得舍不得，都是PAA的进口血清啊，很贵的！当时要是能不怕麻烦，分装冻存就不会有这样的烦恼了。

有沉淀的血清，我该拿你怎么办？

悔不该，抛弃好习惯；

自以为，这样省麻烦；

到头来，苦果自己咽。

点　评

胎牛血清在细胞培养中很常用。血清的正确使用和保存，有很多学问。看似简单，却容易忽略。除了无知犯错，更多的时候是惰性磨灭了我们艰难养成的好习惯，侥幸心理让我们一次又一次的付出代价。

安全小贴士

1. 正确保存和融化血清的方法：血清应保存在－5℃至－20℃，无菌分装，避免反复冻融。融化时，先置于2～8℃冰箱使之融解，然后在室温下使之全溶。但必须注意的是，融解过程中应规则地摇晃均匀。

2. 有的实验室习惯用50ml管或者5ml离心管分装血清，时常因为管盖不严而泄漏，增加了污染的可能。

建议：

a. 分装的时候不要分得太满；

b. 保证冷冻时管口竖直向上，比如放在架子上；

c. 融化时避免管倒伏。尽量避免血清与管口接触，可以防止血清污染。

3. 如何避免沉淀物的产生：选择正确的血清保存和融化方法。请勿将血清置于37℃过长时间。

4. 关于血清热灭活：若非必要，无需将血清热灭活。若必须做血清的热灭活，请遵守56℃ 30分钟的原则，并且随时摇晃均匀。

5. 为了使整个实验结果稳定，以便前后比较，尽量使用同一批号的血清。

6. 使用浓度：血清使用浓度一般为5%～20%，最常用的是10%。过多血清容易使培养中的细胞发生变化，特别是一些二倍体的无限细胞系，迅速生长之后容易发生恶性转化。

危害的补救措施

血清中的絮状物主要是由于血清中的脂蛋白变性及解冻后血清中纤维蛋白造成的，这些絮状沉淀物并不影响血清本身的质量。如果欲除去这些絮状物，可用离心法，3000rpm，5分钟去除。如需过滤，千万不要直接过滤，容易堵塞滤膜，最好将血清加入培养基内一起过滤。

参考文献

1. 程宝鸾. 2006. 动物细胞培养技术. 广州：中山大学出版社

成也萧何，败也萧何

——细胞冷冻中的 DMSO

作者：吴　瑨

实验室手记

我主要做细胞实验，细胞的冻存复苏都是家常便饭，和DMSO打了不少交道。今天给大家讲两段我和 DMSO 的故事。

故事一：刚读研究生，就赶上参与做个大项目。那时候每天在细胞房的时间都超过 8 小时，常常饭都是跑着去吃的。一方面工作量的确大，另一方面自己新手上路、手法慢，没什么经验，效率也不高。我就成天琢磨着怎么提高效率，比如说细胞冻存吧，每天都得冻上 20～30 支。我就想了个招：批量处理！于是乎，我配好足量的冻存液，放在手边，再消化处理细胞，把要冻存的细胞站成一排，一个个的加过来，再把它们集中放在冰箱里，一个过程下来，大概需要半个小时。“这样多有条理，还不容易落下。”我颇洋洋自得。等到复苏的时候，也是二十几支一块上阵。虽然辛苦，但是很有“成就感”：庆幸自己做事这么妥帖，这么会动脑筋，这么懂得提高效率。

复苏的第二天，我就傻了眼。

我的细胞大片大片的死亡，浓浓的像烟雾一样漂浮着。幸存下来的几颗也长的歪瓜裂枣，根本不能用。又复苏一批，还是一样。完蛋了！我又惊又怕!! 我负责的细胞全军覆没，我怎么和老板交代?! 整整半年的辛苦耕耘，到头来竟是如此下场，我怎么和自己交代?! 导师的怒发冲冠、放弃了的假期、囫囵吞枣般的午饭晚饭……点点滴滴在心中翻搅，压抑的我忍不住要哭。

大家知道是怎么一回事吗?

DMSO（二甲基亚砜）是细胞冻存中的常用试剂。冻存细胞时，在培养液中加入 5%～15%的 DMSO（常用浓度 10%），可以使冰点降低，保护细胞免遭损伤。但是常温下 DMSO 对细胞有毒性，因此冻存液要预冷，混合之后应尽快冻存，否则容易导致细胞的凋亡。因此像我之前那样的操作，细胞必死无疑！此所谓“成也萧何，败也萧何”！

故事二：DMSO燃烧产生的云烟——难忘那一抹恶臭

我们实验室细胞房内的超净工作台是双人的，两个人可以并排做细胞。多了个伴，偶尔会讲讲话，聊聊天，无形中让细胞房充满了生气。

有一回，我在配制冻存液。一边加DMSO，一边眉飞色舞的和“同桌”讨论一部电影里的情节。说得兴致正浓的时候，一不小心把装有DMSO的5ml离心管给碰翻了。见里面的DMSO并没全洒，我就拿了一个酒精棉球把管口擦了一下，然后顺手就放在酒精灯上过一下火。以为事故都处理好了，就接着讨论……突然，我闻到一丝令人很不快的气味，像是下水道里泛上来的烂韭菜味，又好像是煤气夹杂着大蒜的味道，恶心的一股恶臭。许久，这股味道还是没有散去。也不知是心理作用还是轻微中毒，我们都觉得有点头晕想吐。后来上网查了下，原来我在酒精灯上一烤，管口的残余DMSO燃烧，产生的物质有恶臭、剧毒！那一抹恶臭，永远的印在了我的脑海里，令我看到DMSO就会想起来要小心操作。

点　评

事情不在于做的多少，而在于做的是否对！

危险无处不在，但它更“垂青”于用心不专的人！

1. DMSO稀释时会放出大量热能：不可将DMSO直接加入细胞液中，必须在使用前先行配制完成。将配好的冻存液提前预冷，避免常温下DMSO对细胞产生毒性作用。

2. DMSO有接触毒性：操作时避免皮肤直接接触，避免DMSO燃烧，更避免吸入DMSO气雾。

3. 细胞的冻存：珍贵的细胞一般都建议用全血清和DMSO一起配制冻存液，进行细胞冻存。细胞冻存讲究“慢冻”，无程序降温仪器可采用“土方法”：将细胞置于冻存盒或者用厚棉花包裹先放在4℃，30min，然后放在－20℃冰箱2小时以上，迅速转移－70℃冰箱暂存，再迅速剥去包裹，置于液氮中长期保存。

4. 细胞的复苏：讲究“速融”。取出冷冻管后，需立即放入37℃水中快速解冻，轻摇冷冻管使其在1分钟内全部融化。建议细胞解冻培养时，去除冻存液中的DMSO。一般做法是低速离心（如1000 rpm，5min）弃上清，而后再加培养液重悬细胞。

5. 在冻存液凝固之前，如果冻存管倾斜，液体容易流到管口，很容易在后续的操作中造成污染。因此要保证冻存管直立冷冻，并缠上封口膜以避免复苏时水浴箱里的水进入盖子的缝隙中。

参考文献

1. 辛华. 2001. 细胞生物学实验. 北京：科学出版社

细胞消化步骤的经验分享

作者：王艳丽

实验室手记

研究生一年级的时候，我跟着一个师姐学习培养 HeLa 细胞，师姐一直培养的都很好，她还开玩笑地说 HeLa 是放到水里都能活的细胞。后来师姐毕业了，我接着做这个课题，没想到细胞就开始出问题了。刚复苏的时候很好，一旦传代就不贴壁。从别的实验室要的 HeLa 细胞，本来长的挺好的，传代操作后仍然不贴壁。我俨然成了一个 HeLa 杀手，简直有了心理障碍。我想了各种可能：是培养箱的问题？我把传代的细胞放在我们这里一瓶，放在别的实验室一瓶——不行！是培养瓶洗得不干净？拼命的洗瓶子——不行！是培养基的问题？从别人那里借来培养基——依然不行！是我操作的问题？请同学过来帮我传——还是不行！我绝望了，这么好养的细胞都养不好，我的自信都被打垮了。

直到有一天，一个同学对我说，你们的胰酶挺强的，你又加这么多，还用移液管猛劲吹，是不是太伤细胞了？一语惊醒梦中人，我赶紧对我的操作稍加改进……天哪！一个月来我终于看到了贴壁的 HeLa 细胞，幸福的想哭！

回头想想那段经历，让我学到不少东西。因为细胞总不贴壁，我查了很多细胞培养方面的书，了解了很多细胞培养方面的知识。我开始强迫自己看文献，开始学着自己解决问题，这个过程很艰难，但是我一直坚持着。每学到一项新技术、解决一个新问题时我就觉得非常开心。回想起来如果实验一直很顺利，我就会变得想当然，就会懒得去思考。

实验不顺利肯定是有原因的！只不过一时没有发现症因而已，不要抱怨运气！更不要失去自信！

点　评

做科研的人，前进的道路大都充满坎坷。总有些麻烦阻碍着我们实验的进程，找不出症因总是让我们心烦意乱。沉住气，保持自信，积极思考，听取别人的意见，无需羞于曾经的稚嫩，顿悟之后才发现可能只差了一层窗户纸而已。

安全小贴士

细胞消化程度的判定：以轻吹或加培养液后轻摇细胞即可脱落为好，但对于经验不太充分的实验者而言是较难判断掌握的。下面介绍两种常用的判定方法。

方法①：加入胰酶后在显微镜下观察，待细胞成片的收缩，出现许多空隙时即可吸去消化液。

方法②：加入胰酶后轻轻晃动细胞瓶，估计差不多消化完全，吸少许胰酶轻轻滴在细胞层上，如果仅在液滴处细胞脱落，说明消化完全；如果没有细胞脱落说明消化不充分；如果细胞大片脱落说明消化过头。

危害的补救措施

1. 消化过头如何处理：

在胰酶消化过程中，出现细胞大量脱落，表明消化过头。此时不能吸除胰酶，而应该立刻加入等量的培养基吹打，低速离心收集细胞，而后铺入瓶内。

2. 细胞状态不良如何处理：

方法①：如果已建立细胞冻存库，建议重新复苏，省时省力。

方法②：将消化好的细胞低速离心，取沉淀，铺入细胞瓶内。此方法可以去除细胞碎片，将最健康的细胞留存。

方法③：如果你养的细胞贴壁比较快，将消化好细胞静置 20～30 分钟，此时最健康的细胞已经贴壁，吸除原培养基，加入新鲜的培养基即可。

参考文献

1. 辛华. 2001. 细胞生物学实验. 北京：科学出版社

亡羊补牢，为时未晚

——细胞培养污染的防治

作者：ericchan321

实验室手记

导师派我出差去买6种细胞。

细胞买回来之后，我立刻做了观察，细胞形态还好，数目也很多，总体状态都不错。原本担心运输过程出问题，现在看来是顺利过关了。

为了好好招待新来的细胞，我特地新配了一瓶培养基，将买回来的6种细胞换液，同时将自己的2种细胞传代。没想到，第二天发现瓶子里面出现了很多悬浮的、白色透亮的、抱团生长的物体，数目很多，生长速度也很快，乍一看像是漂浮的死细胞（见图1）。我感觉大事不妙，这绝对有问题。上网一搜，很可能是白色念珠菌污染，还看到有一位网友发的图片，被大家诊断为白色念珠菌污染，我的几乎和他的情况一模一样，心里登时乱糟糟的。如果细胞全部丢掉，那是好几千块钱啊，怎么和导师交代啊。我仔细回想了操作过程，很可能就是那瓶新配制的培养基惹祸，细胞全军覆没，最有可能出问题的就是培养液。

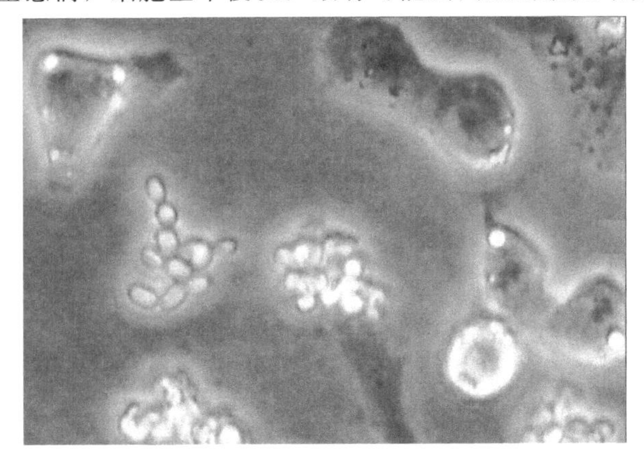

图1　被污染的细胞

无奈，死马当成活马医吧。首先我将所有实验用培养基和血清丢弃，真的很心痛。其次，彻底消毒细胞房、生物安全柜、培养箱和其他实验器械，尤其是枪、枪头和操作台，一定要认真消毒。第三，在新配的培养基中加两性霉素 B，配成 5μg/μl。第四：用 PBS 多次冲洗细胞，尽量洗去大部分的白色念珠菌，我是洗了 3～5 次，最后加含有两性霉素 B 的培养基。经过这一系列的处理，每天换液，连续观察 7 天，基本上遏制了白色念珠菌，最终获得成功。

点　评

污染是细胞培养的大敌。预防和避免污染是细胞培养成功的关键。某些污染的发生往往难以察觉检测，这类污染事实上大部分被人们忽视了。“防”大于“治”，一开始就要十分重视防止污染，否则前功尽弃，不仅浪费时间而且浪费人力、物力，甚至造成无法弥补的损失。

安全小贴士

细胞污染，防大于治。下面介绍一些主要的防患于未然的方法。

1. 细胞一旦购置或从别处引入，均应及早留种冻存，建立细胞库，一旦发生污染可重新复苏培养。
2. 细胞培养箱，生物安全柜、细胞房定期彻底打扫。
3. 新配制的培养基经过检菌阴性后才能使用。
4. 操作之前，先用 75%酒精棉球擦手、擦瓶口和烧灼瓶口。操作时尽量不要谈话，若打喷嚏或咳嗽应转向背面。
5. 防止细胞交叉污染：在进行多种细胞培养操作时，培养各细胞系不要用同一瓶培养液或酶。
6. 在进行换液或传代操作时，注射器和滴管不要触及细胞培养瓶瓶口，以免把细胞带到培养液中污染其他细胞。

危害的补救措施

当发生污染后，应正确区分污染物的类型。

<table>
<tr><th>污染类型</th><th>主要症状</th><th>鉴别与检测</th><th>污染的清除</th></tr>
<tr><td>细菌污染</td><td>培养液变混浊，pH 改变</td><td rowspan="2">(1) 肉眼观察
(2) 镜下观察，涂片染色镜检
(3) 接种培养</td><td rowspan="2">使用抗生素
联合用药比单独用药效果好。
预防用药比污染后再用药效果好
预防用药一般用双抗生素，污染后清除用药需采用大于常用量 5～10 倍的冲洗法，于加药后作用 24～48 小时，再换常规培养液。此法在污染早期有效</td></tr>
<tr><td>真菌污染</td><td>培养液中漂浮着白色或浅黄色的小点，有的散在生长，镜下可见丝状、管状或树枝状的菌丝纵横交错在细胞之间或培养基中，有的呈链状排列。酵母污染，培养液浑浊；念珠菌污染的液体清亮</td></tr>
<tr><td>支原体污染</td><td>一般过滤除菌无法去除；污染后培养液不混浊，多数细胞状态无明显变化</td><td>(1) 荧光技术检测：Hoechest33258
(2) 电镜检测</td><td>(1) 用 MRA 处理
(2) 药物辅助加温处理
(3) 使用支原体特异性血清
支原体很难去除，治疗效果不理想</td></tr>
<tr><td>细胞间
交叉污染</td><td>细胞形态的微小变化，不易察觉</td><td>(1) 注意任何突然的形态学改变
(2) 染色体或同工酶谱分析，检查是否有交叉污染</td><td>丢弃</td></tr>
</table>

参考文献

1. 程宝鸾. 2006. 动物细胞培养技术. 广州：中山大学出版社

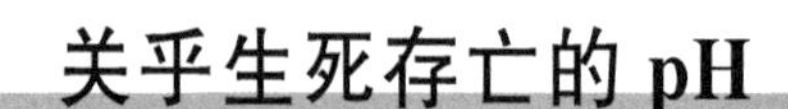

关乎生死存亡的pH

作者：xiaoxuanzi

实验室手记

2003年，我刚学习膜片钳技术的时候，所用的细胞是急性分离的大鼠心肌细胞，采用胶原酶消化分离的方法。或许由于我是初学者，刚开始分离的细胞基本上总是死细胞，我开始怀疑我用的胶原酶有问题，就把Woryhington公司的胶原酶Ⅱ换成SIGMA公司的胶原酶Ⅰ，可是试了各种浓度还是不行，后来又试了各种不同的消化时间，结果总是让人失望，没有几个活细胞。后来不断看文献，看人家的方法，又调节消化时间、温度、胶原酶浓度、消化灌流液速度等各种参数，消化出来的细胞还是不行。最后实在没辙了，去别的教研室测了一下消化液的pH，结果大吃一惊，在用本教研室pH计调为7.4的消化液在人家那里竟然是8.1！原来是pH计出了问题，在这么碱性的环境下当然不会有好细胞了。这件事对我教育很大，希望大家从中吸取我的教训。

点　评

细胞培养中细胞存活及生长状态受到多种因素影响，而最基本的也是最容易被忽视的就是环境中的酸碱度。培养基中一般都含有酚红指示剂，因此对细胞外周环境中的pH变化容易察觉，而消化液、PBS等自配溶液的pH偏差就往往不易发现，尤其实验室中的pH计自身不准的话，就更贻误世人了。

安全小贴士

1. 实验室的pH计要定期用pH标准液校准。不能怕麻烦，一时的疏忽或者懒惰可能带来无法弥补的损失。

2. 某些pH计由于电极本身性质所限，不能精确测定缓冲溶

液。而细胞培养很多溶液都是要求缓冲体系的存在，必要时应打电话向相关厂商咨询。

3. 用培养基干粉配制液体后，要经过过滤，在这个过程中 pH 会升高 0.1～0.2，所以在过滤前 pH 一般调到 7.0～7.2。过滤后再测定 pH，若有偏差以无菌的 HCl 或 NaOH 再调整。以酚红为指示剂时，溶液偏酸时为橙黄，偏碱时为紫红。但注意 pH 均为 7.2～7.4 的情况下，DMEM 培养基的红色比 1640 培养基颜色更深。

4. 小牛血清略呈酸性，所以配制完全培养基时要考虑血清加入后对 pH 的影响。

5. 不同细胞对生长环境的酸碱要求略有不同。例如：成纤维细胞喜欢较高的 pH 条件（7.4～7.7），而传代转化细胞需要较低 pH（7.0～7.4）。一般原代培养细胞对 pH 的变动耐受性差，永生性细胞系和恶性细胞对 pH 的变动耐力强。但总的来说，细胞对碱性不如对酸性的变化耐受，偏酸的条件比偏碱的环境对细胞生长有利。在接手一种新的细胞时，不妨多查阅文献，摸索找到最合适的培养条件。

6. 除了常用的碳酸氢钠（$NaHCO_2$）与 CO_2 缓冲系统，很多人应用缓冲能力更强的 HEPES。应注意 HEPES 加入会改变培养液的渗透压，所以 HEPES 一般与低水平的 $NaHCO_2$（0.34g/L）共用。此时培养时培养瓶口应拧紧，以防细胞所需的少量碳酸盐散发到空气中。

危害的补救措施

1. 定期查看、校定 pH 计，对 pH 计应做好保护。

2. 建议实验室预备 pH 试纸，不要轻视这种“原始”的小东西，在 pH 计怠工时会派大用场。

"冬眠"的细胞

——培养BT474人乳腺癌细胞初体验

作者：齐　斌*

实验室手记

课题需要培养BT474乳腺癌细胞。导师把任务交给我的时候，我满口答应。一来我培养过一些细胞，没碰到过什么困难；二来众所周知，"癌"细胞，都是很好培养的，生长快、适应强、生命力强。

收到赠送的细胞后，我上网查了一下。ATCC推荐使用Hybri-care Medium培养基，此培养基只有ATCC在卖，算是官方指定产品。其他网站各有说法，一般是采用RPMI 1640或者DMEM＋10% FBS。我决定用RPMI 1640＋10% FBS。第一天复苏，一切顺利；第二天换液前，显微镜下观察，绝大多数细胞还在漂着，我没有在意。也许是冻存条件不太好，死亡细胞比较多，但是既然是"癌"细胞，只要有少数贴壁，就会很快长起来的。于是我换了培养基，显微镜下看到还是有些细胞贴壁的，大约是复苏数目的10%，就继续温箱培养。

接下来，问题出现了。我每天观察，每2～3天换液，但是这些细胞就像冬眠的青蛙，一动不动。连续一个星期，细胞似乎变大，变扁，透明，但是数量没有增加。我开始着急了，发信给细胞株的馈赠者，对方只回了一句话：参考ATCC网站。问师兄、导师，有没有培养过这种细胞。在网上搜索，几乎没有这方面的信息。我越来越着急，甚至开始和导师商量重新购买一支。

后来经过搜索，看到一个网站有这样一条记录：The cells are very difficult to culture，grow slowly and after trypsinization are difficult to disaggregate；after thawing the cells look very suffering and need about two weeks to recover（http：//www.biotech.ist.unige.it/cldb/cl4997.html）。略微放心了一点。也许，两周以后，细胞会醒过来，快快长。

于是我静下心来，仔细观察细胞，结合网上零星的描述，发现原来细胞不是

* 齐斌，广东省中山大学肿瘤防治中心，510000

变大，而是在缓慢分裂，形成了一个个集落。因为靠得很紧，看上去像是细胞在变大。我在师兄的建议下，将 FBS 增加到 20%，减少移动的频率，耐心地等待。终于，BT474 慢慢长起来了，并且越长越快，在一个月左右的时间，达到了实验要求。

后来，我反复做过几次传代、冻存、复苏，正如上面英文所说，BT474 细胞最困难的就是复苏后两周，难以贴壁，生长缓慢，要到等过了两周以后，细胞就会恢复过来，生长加快。

第一次培养的 BT474 细胞，就像一个难产的婴儿，虽然经历磨难，但总算呱呱坠地了。

点 评

癌细胞给人的印象就是"皮实"、"好养"，但是凡是都有例外，BT474 就是一个例外。所以我们每接触一个新的细胞类型，都不应该掉以轻心，要利用好周围的资源，多查、多问、小心谨慎，尽量做到万无一失。

安全小贴士

1. 培养基：针对 BT474 细胞，我的建议是：有条件的用 Hybri-care medium；否则用 RPMI 1640 或 DMEM＋10% FBS 应该都可以。从实践角度，我采用了 RPMI 1640＋10% FBS＋P&S，证实可以。

2. 复苏：BT474 在刚解冻时，非常脆弱，贴壁慢，生长慢。不能按照常规方法，第二天换液。我的建议是：培养皿加入尽量多的培养基来稀释 DMSO 等毒性物质，然后给它充足的时间贴壁。我是加入 15～20ml 培养基，静置 3 天不去碰它，第四天换液。这样细胞贴壁的比例会明显增加。

复苏以后，细胞基本不长，要耐心等待，大约 2 周以后，细胞就会恢复过来，生长就会明显加快了。增倍时间是 72 小时左右。

3. 换液：因为刚开始细胞生长很慢，即使一周不换液，颜色也不会有明显变化。但是，我的 BT474 细胞在生长过程中释放出很多细小的碎片，如果换液不够勤，这些碎片会越来越多。我的做法是，每 1～2 天换一次液，每次换 7.5 ml。

4. 传代：按照常规的方法弃培养基、PBS 冲洗、胰酶消化、离心、弃上清、打散、种植即可。胰酶消化比较容易，室温（我怕污染，一般不放温箱，就在超净台上放置）大概 5 分钟左右即可消化完全。传代的细胞生命力比冻存细胞强得多，我传代后静置2天，贴壁率很好。

5. 冻存：细胞复苏的时候，显得非常脆弱，这里面可能是冷冻的作用，也可能是DMSO的毒性。ATCC建议冻存液中的DMSO浓度是5%。我的做法是：RPMI 1640+20% FBS+5% DMSO作为冻存液。

危害的补救措施

BT474最需要的就是时间，一定要耐心对待，切不可焦急烦躁，甚至半途而废。

图片

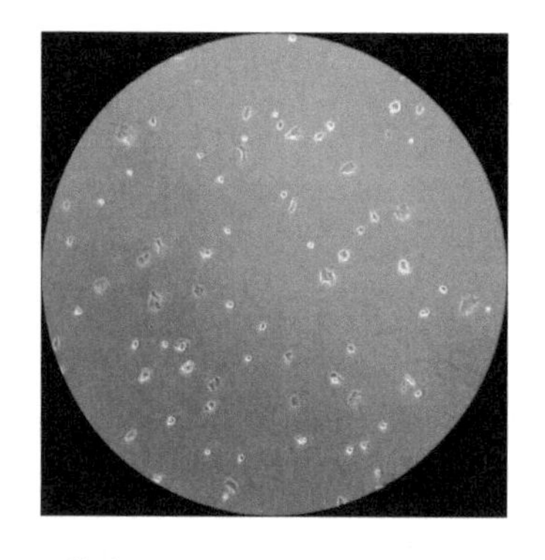

图1 传代两天后换液，这个贴壁的数量已经不错了。扁的细胞已经开始分裂，圆形的相对较慢

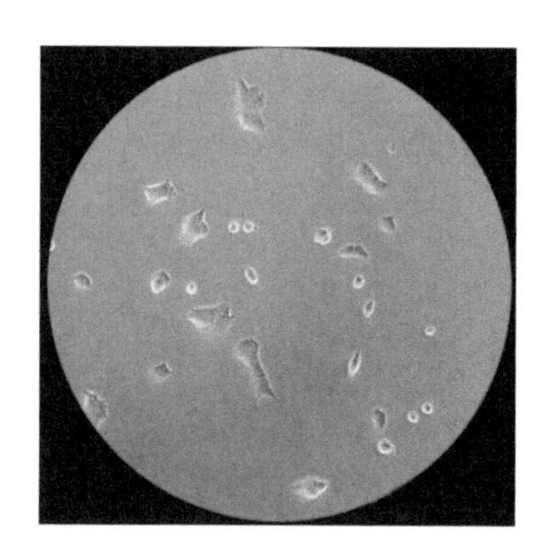

图2 高倍镜。有些细胞分裂成2～3个。看上去像是变大、透明

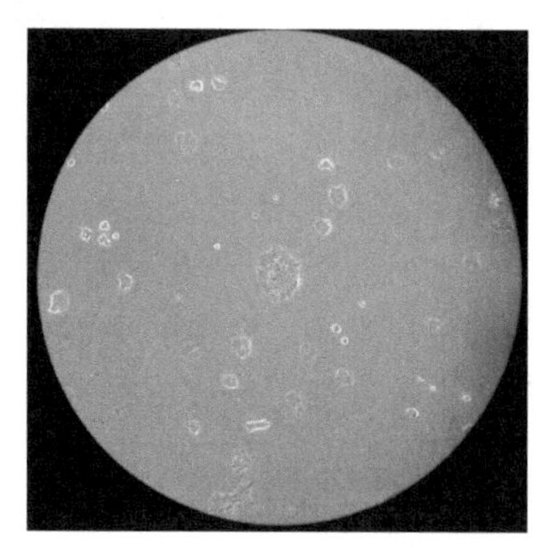

图3 传代后6天，细胞形成大小不等的集落

标记事小，马虎不得！

作者：morgan1980

实验室手记

很多同学都有像我一样的经历。刚进实验室时标记做得很认真，时刻注意培养液有没有加血清，细胞什么时候复苏什么时候传代。但时间长了就有些疏忽，觉得自己记性很好，什么都知道。于是不该发生的事情就发生了。

一天，根据实验需要准备将两盘同一批的细胞一盘传代一盘种板。先拿来一盘传代，此过程不再赘述，结束后将传代的细胞放入培养箱。到细胞房外又拿了一块孔板，回来后消化另一盘细胞种板。将上清液吸掉，加入 PBS 洗，再吸掉，加胰酶，再吸，放入培养箱消化。5 分钟后，拿出培养板来在镜下一看，细胞全没了！真让我倒吸一口冷气，再到培养箱里找，发现准备种板的细胞安然蹲在那里，刚传代的细胞不翼而飞！

另一天，实验中需要分离胰岛，这可是个精细活，费时、费力、费钱！我、师姐连同跟实验室的老师三个人从下午 2 点一直干到 6 点，第一批胰岛挑出来了，大概数了一下，创造了前所未有的奇迹，1000 多个胰岛。俺那个乐啊！

但是我肚子实在太饿了，并且外卖的香味也诱惑着我，于是没有做任何标记就将装胰岛的培养皿放进培养箱，一头冲向餐桌。

第二批胰岛挑好了，再去找第一批胰岛，不见了！我急了。经过地毯式的搜索，找到了——在垃圾桶里！还被人在上面吐了一口痰！

我恨不得马上把那人抓来海扁，但我不敢，因为导师刚刚来看过细胞，我以为是自己没做标记被导师扔了。

后来了解到事实是这样的，听说导师要看细胞，另一同学飞奔至细胞房将她提的不好的胰岛扔掉了！而我的胰岛放在她同一位置，而她的胰岛跟我的一样没做标记！

1000 多个胰岛，1000 多元钱，一天的工作，就这样没了？我不甘心，还好胰岛没打翻，我将它捡回来，将痰液擦干净，继续用。

因为没有做标记我付出了沉重的代价；因为乱标记，我也吃过苦头。细胞冻存和 MTT 实验都要用到 DMSO，细胞冻存用量不大，可是 MTT 实验用量就十分可观，因此我分装的 DMSO 常常不翼而飞。我想到用代号的方法，仅仅标记 D1、D2 等等，果然立竿见影，没人乱用了。无独有偶，还有一个师姐分装双蒸水（ddH_2O），她把分装的双蒸水也标记成了 D1，D2，我们的字迹还特像……结果可想而知。

实验室中类似于密码的标记，虽然起到了“防盗”的作用，却像一道道篱笆墙，隔开了实验室中人与人的距离。因为忘记密码、错用密码给我们的实验也带来了很多障碍。如果大家都能自觉些，我们就不需要这让人欢喜让人忧的“密码”了。

点　评

做实验，我们强调谨慎、耐心、多学多看，考虑周全，实验技能固然非常重要，良好的实验习惯可能更有助于实验的顺利进行！实验样品和试剂不按照要求标记，实验后不及时清洁整理实验台，私自动用别人的实验材料、试剂这样的事情时有发生，不仅造成实验中的损失，还造成彼此之间的不信任，不利于整个实验室的运作和实验项目的开展。

安全小贴士

1. 如果你是实验室的负责人，请管理好实验室的风气。好的习惯养成不易，却很容易被坏习惯所取代和蔓延。如果发现实验室中有人破坏了好的实验风气，请勇敢地站出来制止他（她）。

2. 如果你是实验室的一分子，请你首先做一个对自己负责的人。取用有道，用毕物归原位，自己试验要用到的材料试剂提前准备好，准备充分一来可以提升自信，二来有助于实验顺利进行。

3. 正确的标记应该至少包括以下部分：名称-浓度-日期-实验人名，同时在当日的实验记录中记录简要信息：如生产商，货号，批号，配制的简要过程、存储浓度、存储位置，以及其他相关的信息。

4. 细胞培养器皿的标记同样重要，不要自行地以为会记得每个培养板/瓶/皿的样子。有必要的话不仅要记录培养人名，时间还要表明细胞种类和代数。一些操作也应作标记，如加药、转染等。注意字不要太多，并防止干扰镜下观察。

5. 如果情非得已，一定要用到代号，请务必至少写清楚日期和实验人名，

同时在实验记录中详细记录，以便查考。

图片

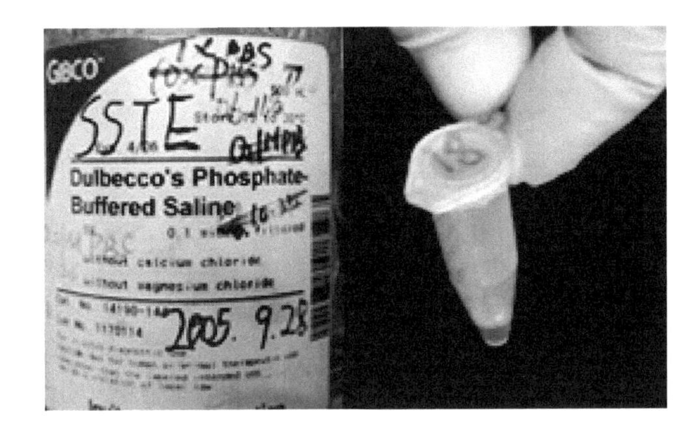

图 1　不合格的标记和标签，你是否也有这些习惯？

左图：谁能告诉我，瓶里装的到底是什么？

右图：仅有编号，无样品名称、人名、时间

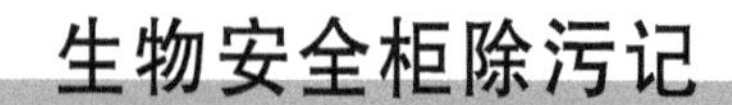

生物安全柜除污记

作者：裴得胜

实验室手记

生物安全柜（biological safety cabinet）是许多细胞及微生物实验室常用的十八般兵器之一，相对那些超净工作台而言可谓“进化”许多。生物安全柜根据对人员、受试样本及环境的保护程度可以分为一级、二级、三级生物安全柜。其中二级生物安全柜又分二级 A 型（简称 A2）和二级 B 型（简称 B2）。

我们实验室购进的也是最为普遍的二级 A 型生物安全柜（A2），其空气走向为 30％的空气经过一般空气压力排到房间或是外面，70％的空气在将经过供风 HEPA 过滤器重新返回到生物安全柜内的操作区域。

刚买进这台安全柜的时候，学生们进行细胞培养操作可真是做到了“零污染”。但是半年后的一天，却遭了“瘟疫”。所有细胞都接连“倒下”漂浮起来，贴壁细胞都成了悬浮细胞了！在显微镜下我观察发现了杆状细菌污染。接下来的清除污染虽然并不是一件非常难的事情，但是同学们采用了许多清洁和消毒方法都无济于事，最终连培养箱都完整地处理一遍还是没有解决问题。最后想到用甲醛蒸汽熏蒸彻底处理，但是这样几天又不能做实验了。最为头疼的是，我们托人给我们带来的新的细胞系，近几天就要到了。难道要借别人的细胞房用吗？而实际上当别人知道你们的细胞房被污染后一般是不愿意借给你用的，因为怕“殃及池鱼”。因为时值春天，万物复苏，污染源也一样。考虑到这一点，我查看了一下我们的生物安全柜，操作平台虽然早被学生擦拭得干干净净了，但是当我旋开固定平台螺丝，揭开白铁板，下面可真是“惨不忍睹”：培养基残迹、厚厚的灰尘，橡皮筋，甚至还有一两个小枪头。这样不污染细胞才怪呢！

找到了问题的关键，经过清洁和消毒处理，我们的生物安全柜又开始正常工作，细胞污染问题终于解决了！

点　评

清洁和消毒生物安全柜时不能仅仅维持表面的干净，由于70％的空气经HEPA过滤器返回生物安全柜内经过操作平台底下空间，一定要防止看不到的污染区。

安全小贴士

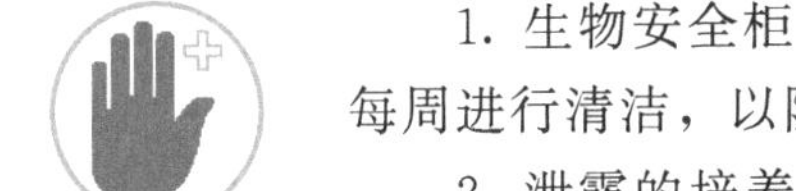

1. 生物安全柜中不需要紫外灯，如果使用紫外灯的话，应该每周进行清洁，以除去可能影响其杀菌效果的灰尘和污垢。

2. 泄露的培养基可使微生物生长繁殖，在实验结束时，包括仪器设备在内的生物安全柜里的所有物品都应清除表面污染，并移出安全柜。

3. 实验过程中不要阻塞前台或后墙附近的进气格栅，放入安全柜内的物品应采用70％酒精来消除表面污染，并且物品不要堆放过多。

4. 实验操作尽可能在靠近安全柜内部进行，尽量减少手臂的移动；如果需要移动时要缓慢，防止干扰柜内气流。

危害的补救措施

1. 实验过程中产生溢出物如培养基，一定用消毒纸巾置于其表面吸附清理干净。

2. 一旦发现污染情况，应该对生物安全柜工作台面及下空间，侧壁表面以及后壁内侧进行消毒处理。

图片

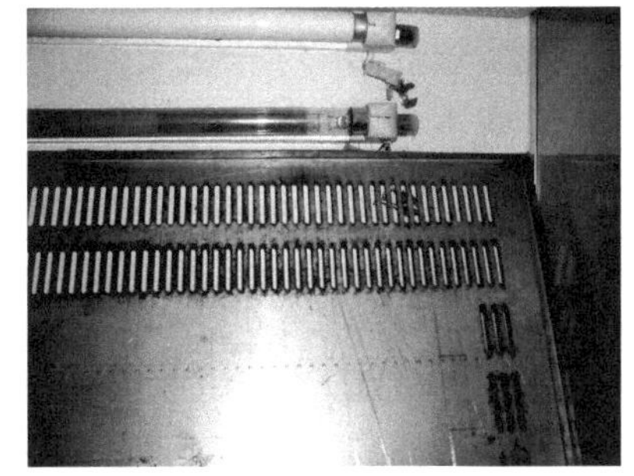

图1　表面洁净的生物安全柜台下面可能惨不忍睹

与二氧化碳钢瓶一起走过的日子

作者：吴　瑨　范传东

实验室手记

下面为大家讲述几个与二氧化碳钢瓶有关的故事。

本科三年级：

刚刚进入实验室，对什么都新鲜。终于有一天，有幸跟着师姐进细胞房去看她做实验。那是我第一次看到二氧化碳钢瓶傲然耸立在细胞培养箱旁边。后来因为准备考研，许久没来实验室，过了数个月，第二次进细胞房的时候，发现钢瓶不见了，改由管子连通到隔壁一间无人的废弃房内。询问师姐这是怎么回事，师姐说有的瓶子质量不好，轻微漏气。细胞房通风又不好，在里面时间长了，容易头晕。

研究生一年级：

“嘀嘀嘀嘀……”细胞房二氧化碳培养箱警报声大作，“糟糕，没有二氧化碳了！”师姐不在，自己又从没有换过二氧化碳钢瓶，幸好还有储备的二氧化碳罐。慌乱之中，匆忙推了一罐，按照印象中师姐做得那样：关闭主阀—关闭减压阀—卸下减压阀—换上新罐—打开主阀—打开减压阀，调节到合适的气压。自认为圆满完成了任务，可是这个嘀嘀声怎么还是不绝于耳呢？“可能是没达到5％吧，大概过一会就好了”，想到这我就离开去吃午饭了。谁知隐患已经悄悄埋下……正吃着饭，突然接到师姐的夺命催魂电话：“你犯了大错了！！你把氢气罐当成二氧化碳罐了！！”一下子，我脑子一片空白，不断闪现着氢气罐“轰”的一下爆炸，把实验室炸飞了半边天，自己背着包袱绝望地站在焦土上……万一炸出人命……，我不敢再想了。

从那以后我每看到二氧化碳罐，就觉得汗毛直竖，每次换罐我都要反反复复地检查是不是二氧化碳？是不是二氧化碳？？

研究生三年级：

眨眼我已经是别人眼中的师姐了，换起二氧化碳罐来轻车熟路，但是女生的力气比较小，诸如减压阀卸不下来，主阀打不开的事情难免发生。就有那么一次，我忘记了将减压阀关闭，装上新罐后，主阀又拧不开，只好叫师弟来帮忙。

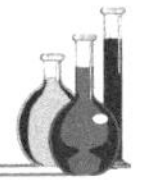

师弟很热情，有求必应，上来大力一拧，压力急起直上，只听得“啪”的一声，连接钢瓶和培养箱的胶皮管被压力冲开了，二氧化碳气体呲呲的不断外泄，我们用了无数的封口膜，外加无数的胶带，总算是勉强堵住了漏气的地方。事后，师弟很抱歉，我自己也很内疚，这次事故犯得很傻很不应该。

点　评

更换二氧化碳钢瓶是细胞培养的必修课，新手更换钢瓶必须有人指导。钢瓶的搬运、储存和更换都有相应的规章，轻视忽略这些规章，会给自己和他人的健康甚至生命带来威胁。尤其是自认为熟练的操作者，更应该胆大心细，以防隐患乘虚而入。

安全小贴士

1. 有条件的话，二氧化碳钢瓶应与细胞操作间分开，存储于避免日光直接照射，通风良好的地方。一来有利于维持细胞房的清洁，二来可防止 CO_2 泄漏，危害操作者健康和安全。检测 CO_2 泄漏的简单办法：将肥皂水滴在疑似泄漏的地方，如果冒泡，就说明有气体泄漏。

2. 使用双级式 CO_2 减压器（如上海减压器厂有限公司生成的 YQTS－711 型双级式 CO_2 减压器）；普通单级减压器在细胞室停电后可能会使低压持续上升，造成培养箱胶管爆裂或松脱漏气。

3. 钢瓶的启用：将 CO_2 减压器旋钮逆时针调至无应力的自由旋转状态；将减压器安装在钢瓶上，连接处二者的轴线应该重合（可用左手托住减压器，右手拧紧螺帽），否则易漏气。用扳手拧紧螺帽，如有空间位阻，可暂时拆除钢瓶手动阀，之后重新安装钢瓶手动阀。打开钢瓶阀门，至少要旋转 720°，用肥皂泡检测连接处是否漏气。

4. 启用 CO_2 减压器：顺时针拧动减压器旋钮，使低压表指针上升至 0.03MPa。在随后的 6 小时内，低压表压力会持续下降，因此应再次调节旋钮，使之保持在 0.03MPa。因此应该尽量避免在晚上调节减压器。开关减压阀动作要缓慢，使用时先旋动开关阀，后开减压器；用毕先关开关阀，放尽余气后再关减压器。

5. 工作期间长期监视：随使用时间延长，钢瓶压力（高压表）从约 7MPa 持续下降，这会导致低压表压力持续上升，因此应将低压表压力调低，使之保持在 0.03MPa。

6. 仔细区分钢瓶的颜色和标记（见表 1），注意不同气体钢瓶所用的减压器也要分类专用。所有钢瓶均要远离明火，防止暴晒。

表 1　各种气体钢瓶的颜色和字体颜色

钢瓶内气体	钢瓶颜色	字体颜色
氢气	天蓝色	黑字
氮气	黑色	黄字
压缩空气	黑色	白字
氯气	草绿色	白字
氢气	深绿色	红字
石油液化气	灰色	红字
氨气	黄色	黑字
乙炔	白色	红字
二氧化碳	黑色	黄字

危害的补救措施

1. CO_2 中毒主要表现为头痛、无力、头昏，严重者可出现昏迷、呕吐、休克乃及呼吸停止等。如果你在实验室操作中，感到不适，应立刻停止实验，记住安全第一!!

2. 如果发现有二氧化碳气体泄漏，应立刻关闭主阀，与负责老师联系，此时尽量避免开关细胞培养箱，并关闭培养箱电源。可以在一段时间内保证培养箱内的 CO_2 水平维持不变。

Believe it or not?

——关于细胞培养中温度的测定

作者：烟海沉浮　范传东

实验室手记

最初，我是借用别人的实验室做实验，对那个实验室的情况不熟悉，故特意咨询了他们实验室的一位博士，以便了解我在本次实验中所要用到的仪器及设备如何操作。从他那里得知，他们实验室的恒温（37℃）磁力搅拌器，其显示温度与实际温度不符；指针显示22℃时，其实际温度是37℃。所以我就按他交代的将指针调到22℃，可我用0.25%胰酶消化后发现始终就是消化不完全。平时消化不是这样的呀？想啊想，最后用温度计一测，才发现实际温度也是22℃，其实他们实验室的恒温（37℃）磁力搅拌器指针显示温度和实际温度是一致的，真不知道他们是怎么得出温度不准的结论的。

后来，我室购进一台新细胞培养箱，产品介绍说温度和CO_2浓度等指标出厂时已设置好，且显示也没错（温度：37℃，CO_2浓度：5%），故将培养箱做消毒处理后几天，我便将刚复苏的SPCA-1肺癌细胞放入培养，可次日细胞全死了。我怀疑是复苏的过程或者培养基有问题，故我又将其他培养箱内一瓶状态很好的细胞放入，结果第二天细胞还是死了。最后还是有一次开培养箱门时距离门近了些，感到扑面而来的气流似乎比其他培养箱的热了许多，才想到用温度计测定，结果温度计显示：42℃！后来证实不仅是孵箱温度，CO_2的显示也会出问题，虽然显示5%的二氧化碳量，但其实里面根本没有二氧化碳。

终于，厂家的工程师将上述问题都解决了。百废待兴，群情激昂。谁知道，又一个麻烦乘虚而入，孵箱成了霉菌的天堂，托盘的角落、水盘中，简直泛滥成灾。原来我们只注重了打扫的过程：先用3‰苯扎溴铵擦拭，然后用75%酒精擦拭，再用紫外灯照射，却唯独忘记了在培养箱内的水盘中添加苯扎溴铵，加之CO_2培养箱中湿度较高，就很容易长霉菌。

点　评

他人告诉你的东西不一定正确，仪器显示也不一定准确。在做实验时务必亲自动手，自己确定仪器和设备等准确无误后，再开始正规实验！如仪器和设备的温度、浓度等，实验前最好自己检测一下，做到心中有数，以减少不必要的损失！

安全小贴士

1. 带有温度传感器的仪器使用前一定要用高精度温度计校准。必要时，在不同位置放置多根温度计同时检测。

2. 恒温仪器短期无人使用不建议关闭电源，以保持温度恒定，只有长期不用才可关闭电源。在下次启用前需要较长时间稳定后方可使用。

3. 细胞培养箱的使用注意事项：

①避免频繁开关培养箱，以保持温度及 CO_2 浓度恒定；一瓶气体约用 1 个月（每天开关门 100 次左右）或 3 个月（每天开关门 10 次左右），如果明显少于此时间，应该检查培养箱内和培养箱外气体管路是否漏气。

②细胞培养箱的 CO_2 传感器主要有热传导 TC 传感器和红外传感器（IR），前者容易受温度和湿度的改变，精度发生变化，因此当频繁开闭箱门和缺水状态下，CO_2 浓度的测定会发生严重偏差；后者更适于需要频繁开启培养箱门的细胞培养。

③培养箱中的水要用无菌水，并添加适当消毒剂（如新洁尔灭），以避免霉菌生长；

④培养箱定期打扫：先用 0.1%的苯扎溴铵擦拭，再用 75%酒精擦拭，最后紫外线照射。必要时拆下培养箱内壁支架和风扇叶片清洗。

⑤定期检测连接的 CO_2 钢瓶的 CO_2 压力，使低压表保持在 0.03MPa，禁止超过 0.1MPa。

⑥CO_2 读数降为 0 后请立即关掉培养箱电源，并通知维护人员。在 37℃，CO_2 浓度为 0 时，细胞约 20 小时内全部死亡。在常温下，CO_2 浓度为 0 时，很多细胞在 48 小时后仍可存活。因此，在无 CO_2 时，应关闭电源，以降低温度，保护细胞。

液氮罐存取细胞的尴尬

作者：杨一涛* 枫雪天

实验室手记

由于实验经费紧张，我们实验室无力购买细胞株。托了关系，费尽周折，才好不容易从朋友那里搞到了两管冻存的 ARPE 细胞株，我兴奋地从实验中心借了液氮罐，匆匆忙忙去取细胞。但存放细胞的时候，却发现盛细胞的铁桶无法取出来，眼看着细胞就要融化，心里十分着急。同学建议直接丢进去就可以了，反正到时候倒出来就行。我想想也是，情急之下，就一股脑儿将两管细胞丢了进去。回到实验中心，又急急忙忙倒出了两只细胞，存放到大的液氮罐里，冻存起来。自以为一切顺利，谁知道这却为以后的不幸埋下了祸根。

复苏细胞时，装有细胞的离心管在离心时突然破裂，好不容易得来的细胞瞬间化为泡影，我失望、郁闷而又无可奈何。想到还有另一管备用的细胞，心里才有了少许安慰。可是复苏另一只细胞的时候，一个晴天霹雳打下来：另一支细胞根本不是我的！我思前想后，才弄清楚原因：由于当时小液氮罐里可能有别人丢进去的细胞，我往外倒时，倒出来的细胞只有一支是自己的，另一支则是别人的，而我又没有校对，就想当然地认为那是自己的细胞，保存了起来。最可悲的是一周之前，小液氮罐内的细胞已被实验室的老师清理掉了，我再想找回宝贵的细胞已经不可能了。一时间欲哭无泪。

我只好厚着脸皮又去找朋友帮忙，谁知道祸不单行：我提着保温桶跟随同学来到他们放液氮罐的房间，却发现液氮罐的盖子被打开放在一边，周围没有人。走近一看，糟糕！液氮已经蒸发完了！我们立刻手忙脚乱地重新给液氮罐里充液氮。心想是哪个粗心的家伙忘了盖上盖子。在追查肇事者的时候，大家都否认是自己忘了盖盖子，最后也没有追查出凶手。事后，他们把液氮罐里的细胞都拿出来复苏了一下，结果无一存活，无论是国外买回来的、实验室同学辛苦构建的……。都付诸东流了。从那以后，他们实验室的液氮罐上了锁，由专人看管，亡羊补牢，但是已经造成的损失无法挽回，当时的场景回想起来仍让人心有余悸……

* 杨一涛，赣南医学院第一附属医院眼科，341000

点 评

细节决定成败，看似小事，却可能会影响整个课题的进行。实验室是公共场所，为了您自己和他人的实验顺利，请留心再留心，做好自己要做的事，做完自己该做的事。

安全小贴士

1. 液氮温度为－196℃，操作时应注意个人防护，防止低温冻伤。不要穿露脚面的鞋子，也不要穿帆布鞋，因为液氮可以渗透帆布，有可能造成更严重的烧伤！

2. 向玻璃内胆的保温瓶添加液氮时注意：有可能因保温瓶质量不过关，内壁玻璃厚度不均匀，在温度骤降时发生炸裂。此时不仅炸裂的玻璃飞溅有可能伤人，还有可能因操作者心理上没有防备被突然惊吓，而将手中物品（可能是盛有液氮的器皿）丢掉而发生更大的事故。

3. 用液氮临时转移冻存的细胞时，最好准备一个小塑料袋和一段细绳。小液氮罐临时存放细胞的铁盒盖易发生偏移，拿不出铁桶的事时有发生，这时候只要把细胞放进塑料袋里。用绳子系好，放入液氮罐里，再吊在盖子上，到时候取出即可。

4. 冻存细胞或者组织样品要用专用的螺口冻存管，直接开盖的 EP 管严禁用于冻存细胞或者组织。因为 EP 管往往不够密封，放入液氮中常常会有液氮渗入其中，当从液氮中取出暴露于室温时，液氮会迅速转为气态而体积膨胀，从而发生 EP 管崩裂爆炸伤人的事故。

5. 液氮罐需由专人负责日常液氮填充，细胞存取登记。大家也需要自觉养成习惯：样品放在指定位置，做好登记工作，整理成册，查找时也就方便多了。

6. 禁止将样品随意丢在液氮罐中，一来查找时不便，二来给别人存取细胞时带来麻烦。凡是存取完东西，离开之前应确保液氮罐密封。

危害的补救措施

1. 液氮挥发完已没有补救措施可弥补损失了，记住“不要为打翻的牛奶哭泣”，擦干眼泪，吸取教训，从头再来吧！

2. 发生液氮冻伤事故时，如果只是小液珠飞溅到皮肤上，一

般不会形成水泡。情况比较严重时，要首先保持受伤部分静止，如果冻伤的是手和手指，把它们放入温度稍微高于体温的热水中回暖是很重要的，或迅速将受伤的手指夹在腋下，然后用经过消毒处理的干纱布将受伤部位包好，立刻寻求医疗处理，同时小心不要把冻伤的水泡弄破。

第四章　微生物实验室

1. 微生物安全等级与危害评估
   ——**支原体的“人体培养基”**
2. 防范微生物操作中产生“气溶胶”
   ——**大肠杆菌也致病!**
3. 微生物操作中的个人防护
   ——**“刀尖上的舞蹈”**
4. 微生物操作经验之
   ——**“知己知彼，方能百战百胜”**
5. 微生物操作经验之
   ——**“纯正血统”很重要!**
6. 微生物操作经验之
   ——**抗生素，小事不小**
7. 微生物操作经验之
   ——**菌种保存及传递**
8. 微生物仪器与设备之
   ——**培养基熔化伤人事件**
9. 微生物仪器与设备之
   ——**摇床也疯狂?**

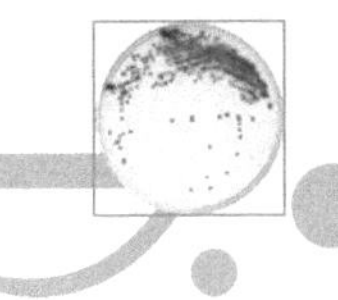

支原体的“人体培养基”

作者：枫林幽竹

实验室手记

我来讲一个在我大学时微生物实验课上发生的故事吧，虽然不是本人经历，但是是我们班级的一位同学。那是大二的时候，大家对微生物实验热情都很高。那节课是观察细菌、真菌等形态，并且用培养皿做细菌培养，我们都感觉很新奇。老师向我们介绍说：“本来实验室没有支原体，现在你们看的支原体是我从医院找来的，是病号做痰的支原体检查样本，我顺便带回来了点，大家轮流过来取一点，然后开始培养”。于是我们就轮流取样，等老师一出去后，那就乱套了。大家争着去取，有的同学还相互开玩笑说要在人身上培养。就在这不经意间，一位同学不小心把取支原体的棉签碰到了另一位同学的鼻子上。那位同学也没在意，还开玩笑说，传染上了就当在体内培养了。过了十多天时间那位同学就开始干咳，但由于当时认为是感冒了，也没怎么在意，但是就是一直不好，最后没办法到医院去检查，又让那老师做了个支原体培养，结果果然就是支原体感染。

微生物老师以后给学生讲课时候总把这件事着重地提了又提，要同学们一定注意实验室操作规范。老师还半开玩笑地说了一句话：“从哪里来的到哪里去，从医院来的支原体，最后又回到了医院。”

点　评

支原体在潮湿的环境下存活时间较长。肺炎支原体感染后由于其潜伏期较长，所以症状较轻，主要是发热、咳嗽等呼吸道症状，一般不会引起太大的注意，因此在微生物实验中感染也很少引起重视。但事实上，由于支原体能够引起不小的人体危害，并具备一定传播性，属于第三类较高危害程度的病原微生物。本次事故就是由于忽视了对操作对象进行生物安全性/危害程度的评估，实验中没有严格按照实验室操作规范进行操作，没有进行适当的防护所引起的。

安全小贴士

危害程度评估工作应由有经验的专业人员进行，根据生物因子对个体和群体的危害程度将其分为4级。但这个所谓的4级，在实际中我们不能生搬硬套，要灵活的掌握。在确定所从事特定工作的生物安全水平时，应根据危害评估结果来进行专业判断，而不应单纯根据所使用病原微生物所属的某一危害程度分类来机械地确定所需的实验室生物安全水平。卫生部颁布的《人间传染的病原微生物名录》列出的微生物实验操作应采取的仅仅是最低防护水平，我们在实际中可以提高生物安全水平，更安全的进行实验。

危害4个等级具体划分如下：

①危害等级Ⅰ（低个体危害，低群体危害），不会导致健康工作者和动物致病的细菌、真菌、病毒和寄生虫等生物因子。

②危害等级Ⅱ（中等个体危害，有限群体危害），能引起人或动物发病，但一般情况下对健康工作者、群体、家畜或环境不会引起严重危害的病原体。实验室感染不导致严重疾病，具备有效治疗和预防措施，并且传播风险有限。

③危害等级Ⅲ（高个体危害，低群体危害），能引起人类或动物严重疾病或造成严重经济损失，但通常不能因偶然接触而在个体间传播，或能使用抗生素、抗寄生虫药治疗的病原体。

④危害等级Ⅳ（高个体危害，高群体危害），能引起人类或动物非常严重的疾病，一般不能治愈，容易直接或间接因偶然接触在人与人，或动物与人，或人与动物，或动物与动物间传播的病原体。

依照WHO《实验室生物安全手册》，我们在实验过程中要注意：

①只要采自病人的标本，均应当遵循标准防护方法，并采用隔离的防护措施，处理此类标本时最低需要二级生物安全水平。

②标本的运送应当遵循国家和（或）国际的相关规定。

危害的补救措施

1. 长期处于含有某致病性病原微生物的环境下，在有相应疫苗的情况下，尽可能注射疫苗，进行个体防护。

2. 一旦有操作的失误要引起重视，马上采取措施，防患于未然。

3. 一旦感染要马上到医院就诊，根据感染细菌病毒选择有针对性的治疗，

报告实验室相关负责人，必要时应及时通知当地安全机构。

参考文献

1. WHO. 2003. Laboratory Biosafety Manual. World Health Organization
2. 中国卫生部. 2003. 微生物和生物医学实验室生物安全通用准则（WS233-2002）
3. 中国卫生部. 2006. 人间传染的病原微生物名录

“刀尖上的舞蹈”

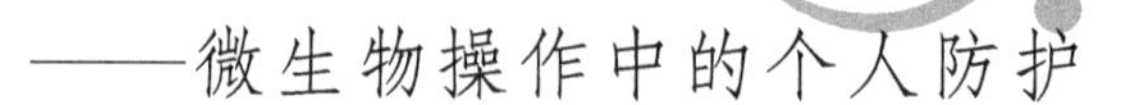

——微生物操作中的个人防护

作者：dew488

实验室手记

学医多年，对传染病有些了解，做传染性细菌实验也有好几年了。刚开始接触时我是冒着“生命危险”，硬着头皮进入这个领域。至今还记得第一次做实验时的那份胆战心惊。但随着接触实验多了，自己的安全意识渐渐开始淡忘了（这是很多人容易犯的毛病）。直到实验室有个女生做药敏实验做了2个多月后发现身体不适去医院检查发现感染结核分支杆菌（估计是气溶胶感染造成）时，整个实验室的人为之震惊，我更是吓得半死。因为当时我们的实验室安全设备不具备操作这类菌，但迫于课题压力才铤而走险做的。2005年我们终于买了丹麦的生物安全柜，从此以后在个人防护方面我处处小心，直到今天。

实验室有些师弟、师妹总爱对我说：“师兄您好怕死啊，不够大男子。”现在换了实验室，仍然从事人畜共患病的实验，对两个实验室的生物安全我做了个比较，感觉这边的安全意识更差，我对他们谈起安全时，他们也总是对我说：“我们从事的菌是减毒的，没有危险。”

典型的就是4月底要用布氏杆菌免疫动物做多抗，由于实验室没有做过佐剂的乳化，所以去别实验室做。但别人实验室不具备操作Ⅱ类病原菌的条件。老师让直接带菌过去做，当时一听，吓我一跳。典型的对学生安全不负责，但没有敢当面顶撞。自己赶忙准备些东西带过去：口罩、手套、酒精喷壶、消毒液。我得对别人负责啊！操作时我在他们超净工作台操作（其实自己知道这样操作基本起不到保护，但还是最大限度防止吧），操作完后用消毒液清洗整个台面，让对方实验室同学照射紫外线30分钟，至少这样做我的心里会好受点。

我的最大感触是：管理不好的微生物实验室是一个很危险的地方，其中很多细菌病毒对人体存在巨大的危害。有些实验室工作人员由于长期处在具有一定生物危险的环境中，同时由于实验室中获得性感染并不总是发生，而渐渐地疏忽了对实验室的生物安全管理，甚至放纵自己的行为而不完全遵守相应的安全操作规

范，是对实验本身，以及做实验的人极端不负责任。

点 评

说进行病原微生物研究的人员进行的是“刀尖上的舞蹈”一点都不为过，可是有很多人实验做多了，麻木了，意识不到危险性所在。其实个人防护不到位，受害者终究是自己！生命对每个人只有一次，我们要学会爱惜自己和关爱他人。

安全小贴士

1. 个人防护总原则：实验室所用任何个人防护装备应符合国家有关标准的要求。在危害评估的基础上，按不同级别的防护要求选择适当的个人防护装备。实验室对个人防护装备的选择、使用、维护应有明确的书面规定、程序和使用指导。

①防护服：清洁的防护服置于专用存放处。污染的防护服应放置于适当标记的防漏袋中并搬运。每隔适当的时间应更换防护服以确保清洁，当知道防护服已被危险材料污染时应立即更换。离开实验室区域之前应脱去防护服。当具潜在危险的物质极有可能溅到工作人员时，应使用塑料围裙或防液体的长罩服。

②在处理危险材料时应有许可使用的安全眼镜、面部防护罩或其他的眼部、面部保护装置可供使用。处理样本的过程中，如可产生含生物因子的气溶胶，应在适当的生物安全柜中操作。

③手套（用后的手套不可重复利用）：手套应按所从事操作的性质符合舒服、合适、灵活、握牢、耐磨、耐扎和耐撕的要求，并应对所涉及的危险提供足够的防护。应对实验室工作人员进行选择手套，使用前及使用后的佩戴及摘除等培训。应保证：所戴手套无漏损；戴好手套后可完全遮住手及腕部，如必要，可覆盖实验室长罩服或外衣的袖子；在撕破、损坏或怀疑内部受污染时要更换手套；手套为实验室工作专用。在工作完成或中止后应消毒、摘掉并安全处置。

④鞋：应舒适，鞋底防滑。推荐使用皮制或合成材料的不渗液体的鞋类。在从事可能出现漏出的工作时可穿一次性防水鞋套。在实验室的特殊区域（例如有防静电要求的区域）或 BSL-3 和 BSL-4 实验室要求使用专用鞋（例如一次性或橡胶靴子）。

⑤呼吸防护（主要针对能形成气溶胶而致病的生物）：当要求使用呼吸防护装备（如面具、个人呼吸器、正压服等）时，其使用和维护的作业指导书应包括

在相应活动的安全操作程序手册中。呼吸器应只能按照作业指导书及培训的要求使用。

2. 不能在实验室内饮食和储存食品。

3. 不应在实验室化妆，如涂口红。

危害的补救措施

微生物实验室应急程序：

1. 刺伤、擦伤：及时清洗双手和受伤部位，使用适当的皮肤消毒剂，必要时进行医学处理。

2. 潜在危害性气溶胶的释放：所有人员撤离相关区域，在一定时间内（如1小时）严禁人员进入以使气溶胶排出和较大粒子沉降，张贴“禁止入内”标志。过相应时间后，穿戴适当防护服和呼吸保护设备进入清除污染。

3. 容器破碎：立即用布或者纸巾覆盖受感染性物质污染的破碎物品，在上面倒上消毒剂，作用相应时间后，将所有物品清理掉，玻璃碎片要用镊子夹取，再用消毒剂擦拭污染区域，妥善处理所有废弃物。

4. 盛有感染性物质离心管在离心机内破裂：立即关闭机器电源，让机器密闭30min，使气溶胶沉降，随后在有防护的情况下清理所有物品并用消毒剂擦拭离心机内腔。

参考文献

1. 庞俊兰，孔凡晶，郑君杰. 2007. 现代生物技术实验室安全与管理. 北京：科学出版社

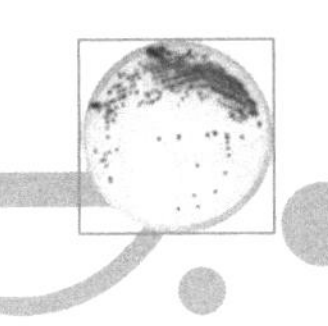

大肠杆菌也致病！

作者：杨亚军*

实验室手记

我曾经做过用基因工程菌（大肠杆菌）生产酶制剂的发酵研究工作。其中，有一件小事至今记忆犹新。

那时，我在一个月内天天做中试发酵工作，每天都要接触这种工程菌。甚至没有足够的吃饭时间，因为间隔很短时间要取样测定，检测发酵进程，以决定最佳放料时机。因此，我们几个实验员就让其他清闲的同事带饭到办公室里。在实验间隙，我就用最短时间吃饭，吃完接着干活。终于，有一天晚上，也就是大约我当天吃完饭 7 个小时后，我出现了严重的腹泻，肚子痛得厉害，而且最短的时间内以喷射状腹泻了好多次。现在想想，幸好及时服用了氟哌酸、泻痢停与黄连素，否则后果不堪设想。在强大的药物攻势下，腹泻症状终于撤退了，但全身难受得要命，差点因脱水过度倒在了实验室。

事后我特地查阅了一些资料，才发现：大肠埃希氏菌（*E. coli*）通常称为大肠杆菌，最早是 Escherich 在 1885 年发现的，在相当长的一段时间内，一直被当作正常肠道菌群的组成部分，认为是非致病菌。直到 20 世纪中叶，才认识到一些特殊血清型的大肠杆菌对人和动物有病原性，尤其对婴儿和幼畜（禽），常引起严重腹泻和败血症。大肠杆菌的致病物质为定居因子，即大肠杆菌的菌毛和肠毒素，此外胞壁脂多糖的类脂 A 具有毒性，O 特异多糖有抵抗宿主防御屏障的作用。大肠杆菌的 K 抗原有吞噬作用。致病性大肠杆菌通过污染饮水、食品、娱乐水体引起疾病暴发流行，病情严重者，可危及生命，如 1982 年在美国首先发现的大肠杆菌 O_{157}：H_7 引起肠出血性腹泻。

现在分析，在我们的操作中，有太多的形成气溶胶的环节，但是由于对大肠杆菌致病性的忽略，我们的注意力都在如何提高生产效率上面，对这些产生气溶胶的操作并没有刻意的防范。对于搞药科研人员而言，这样做绝非献身科学的行为。犯这样低级的错误，实属不应该啊！尤其让我感到后怕的是，这种大肠杆菌

* 杨亚军，井冈山大学医学院药学系，343000

属于基因工程菌，其潜在的危害性当时尚不清楚。

我的教训是：从事微生物发酵研究工作的人员应该慎重，尤其是从事基因工程菌的研究人员，要严格防范产生气溶胶的操作。不管实验有多忙，也不能把实验室当成就餐场所，在吃饭前一定要确信用肥皂或消毒剂洗干净自己的双手。若当时入侵我身体的敌人不是大肠杆菌，而是可怕的SARS病毒或致命的化学药品，那我还能在这儿给大家总结血的教训吗？

点　评

对不明原因实验室感染的研究表明，大多数可能是病原微生物形成的感染性气溶胶在空气中扩散，实验室内工作人员吸入了污染的空气感染发病的。生物气溶胶无色无味、无孔不入，不易发现，实验人员在自然呼吸中不知不觉吸入而造成感染。若治疗控制不及时会造成严重后果。与其疾病自然感染相比，有些微生物气溶胶感染的症状不典型，病程复杂，难以及时诊治，影响预后。

安全小贴士

1. 许多普通的、常规的实验操作都会产生气溶胶（见表1）。

表1　避免或减少产生感染性气溶胶的安全操作方法

易产生感染性气溶胶的操作	安全操作方法
①样本的采集、打开试管塞或瓶盖；	①标本容器最好用螺口旋盖；
②样本的制备，火焰固定，用火焰烧灼接种环；	②稀释菌液时，吸管针管要缓慢插入试管或烧瓶底部，小心操作；
③用吸管注射移液，用力吹出移液管内最后一滴液体；	③移液时不要用力吹出移液管内最后一滴液体，不要用注射器移液；
④振荡器或漩涡器操作时；	④离心时，确保样品容器牢固盖紧；
⑤倾倒、转移液态培养物或上清液	⑤使用匀浆器、摇床振荡器时，最好覆盖一个结实、透明的塑料盖

2. 部分可产生严重后果的微生物气溶胶的实验操作（见表2）。

表2　部分可产生严重后果的微生物气溶胶实验操作

轻度（<10个颗粒）	中度（11～100个颗粒）	重度（>100个颗粒）
玻片凝集试验；	腹腔接种动物，局部不涂消毒剂；	离心时离心管破裂；
倾倒毒液；	实验动物尸体解剖；	打碎干燥菌种安瓿；

续表

轻度（<10个颗粒）	中度（11～100个颗粒）	重度（>100个颗粒）
火焰上灼热接种环； 颅内接种； 接种鸡胚或抽取培养液	用乳钵研磨动物组织； 离心沉淀前后注入、倾到、混悬毒液； 毒液滴落在不同表面上； 用注射器从安瓿中抽取毒液； 接种环接种平皿、试管或三角烧瓶等； 打开培养容器的螺旋瓶盖； 摔碎带有培养物的平皿	打开干燥菌种安瓿； 搅拌后立即打开搅拌器盖； 小白鼠鼻内接种； 注射器针尖脱落喷出毒液 刷衣服、拍打衣服

危害的补救措施

1. 实验室工作人员出现与本实验室从事的高致病性病原微生物相关实验活动有关的感染临床症状或者体征时，实验室负责人应当向负责实验室感染控制工作的机构或者人员报告，同时派专人陪同及时就诊；

2. 实验室工作人员应当将近期所接触的病原微生物的种类和危险程度如实告知诊治医疗机构。接诊的医疗机构应当及时救治；不具备相应救治条件的，应当依照规定将感染的实验室工作人员转诊至具备相应传染病救治条件的医疗机构；

3. 具备相应传染病救治条件的医疗机构应当接诊治疗，不得拒绝救治。

图片

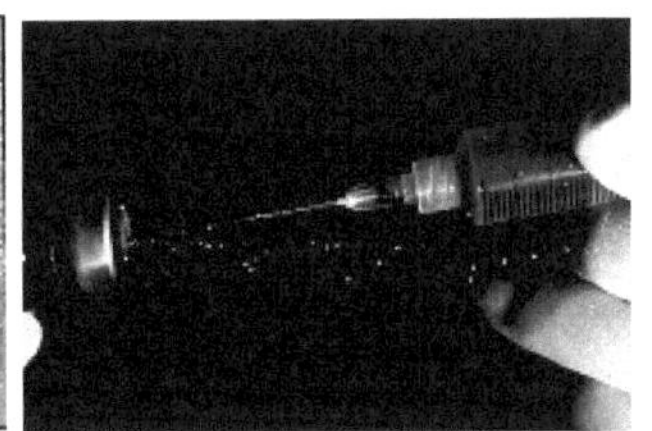

图1　产生气溶胶的操作

参考文献

1. 世界卫生组织. 2004. 实验室安全手册. 第三版. 日内瓦，62
2. 病原微生物实验室生物安全管理条例. 2004
3. 俞咏霆，李太华，董德祥. 2006. 生物安全实验室建设. 北京：化学工业出版社

“知己知彼，方能百战百胜”

——了解菌株的微生物学特性

作者：liudingdingwang

实验室手记

我是微生物专业的新手，真正开展工作还不到一年。最近有一株菌给我来了一个“下马威”，让我认识到搞微生物研究是需要经验和理论共同积累的。

我们实验室主要做的是菌种的诱变筛选。可辐照诱变用的束流不是随时都有，辐照时间也不掌握在我们手里，而是由实验老师临时决定，这样就使我们这些手底下的工作人员非常被动。前些日子老师给我一株从外面搞来的霉菌，并跟我说大约1周后的某一天可以辐照，让我回去培养培养，做做准备工作。我就回去转了几个斜面，又摇了几瓶液体，处于等待状态了。结果这一等就是好几天，等轮到我辐照的那天，我觉得培养了这么久，液体培养基里可能有菌丝什么的，照出来可能不好筛选，于是就决定从斜面上洗孢子下来辐照，结果问题就出在这里了。因为没有提前了解该菌株的性质，照完之后，镜检发现即使是未辐照的对照的孢子溶液中也几乎没有孢子，基本上就是辐照失败了。

回想洗孢子的时候我是用加样枪反复吹打的，为什么还没有洗下来呢？我查了一些资料，又挑了些菌在显微镜下观察。结果发现该霉菌生长比较慢，孢子在成熟之后才容易脱落。

这个教训对于我来说是很深刻的，在接手菌株后应该立即着手了解它的基本性质，如果我在一开始摇瓶的时候随时镜检一下的话，应该就知道摇瓶里并无菌丝，是否可以进行辐照。如果我在培养的那个星期多查点该菌株的资料或找点相关的书籍参考的话应该也能知道孢子成熟的菌落是什么样子了。我以前一直有些“小瞧”微生物，对实验工作比较懈怠，这次教训给我当头一棒，让我再也不敢怠慢微生物了。

点　评

"知己知彼，百战百胜"，即使对方是小到显微镜下才看得见的微生物，在"交手"前不了解实验对象的特性，最终也是要败下阵来。

安全小贴士

1. 每种微生物都有其与众不同的生长特性，在正式实验开始前，都应查阅相关文献，培养观察其形态，细心记录其生长要求，生长周期。如大肠杆菌菌株 BL21 和 DH5α，在液体培养基中振荡培养时，前者生长至对数期时间要明显短于后者。

2. 操作可产生孢子的霉菌或者酵母等，要严格按照操作规程，尤其微生物实验室附近设置有细胞培养室时，更要防范孢子随空气传播，造成污染。

3. 重组质粒不宜长期保存于表达菌株中，请尽量使用克隆菌株（如 C600、DH5α）进行质粒抽提和保存质粒。而且表达型的菌株用于提质粒经常会有质量不高或者背景的问题。

4. 了解菌株的基本遗传背景，正确选择原核表达系统的宿主。当表达结果不佳，除了在表达条件和载体上找原因，不妨考虑一下菌株的选择是否适合。

以下是一些常用宿主菌特性：

1）BL21 系列为蛋白酶缺陷型菌株，作为常用的表达菌株。可防止一般菌株中过多的蛋白酶导致的外源表达产物不稳定。BL21（DE3）融源菌则是添加 T7 聚合酶基因，为 T7 表达系统而设计。

2）在用原核系统表达真核基因的时候，Rosetta 2 系列就是更好的选择——这种携带 pRARE2 质粒的 BL21 衍生菌，补充大肠杆菌缺乏的 7 种稀有密码子对应的 tRNA，提高外源基因、尤其是真核基因在原核系统中的表达水平。但注意 Rosetta 2 已经携带有氯霉素抗性质粒，故不能再用氯霉素进行筛选。

3）当要表达的蛋白质需要形成二硫键以形成正确的折叠时，可以选择 K-12 衍生菌 Origami 2 系列。注意卡那霉素敏感。

4）当表达需要借助二硫键形成正确折叠构象的真核蛋白时可选择综合了上两类菌株特点的 Rosetta-gami 2。该菌株为卡那霉素敏感。

5）Origami B 能根据 IPTG 的浓度精确调节表达产物，使得表达产物量呈现 IPTG 浓度依赖性。注意该菌株为四环素敏感。

“纯正血统”很重要!

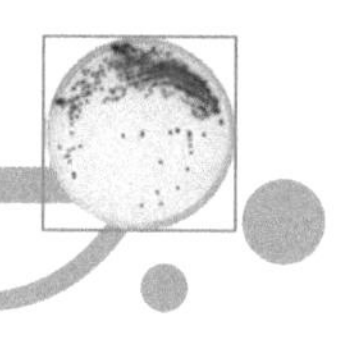

作者：龚小省*

实验室手记

有一次，我要求我的学生做酵母菌的药敏试验；平时操作标本时，一般我都是看着学生一步一步的把每一个步骤做完才放心。这次由于临时有事，我想学生在这儿学习了两个多月，一般的操作都非常熟悉了，也应该放心让他单独做了。等我忙完，学生的这个实验也做完了。我们这次做的是酵母菌药敏卡实验，结果是看微量孔是否混浊，如混浊为耐药，清亮为敏感。第二天我来看结果时，居然发现微孔全是混浊的，也就是全为耐药结果。这种现象应该是不可能存在的。当时我就想，这是不是由于挑起了不纯的菌落引起的？我立即找到前一天学生做实验的那个沙保罗平板，结果发现原来是学生为了简便，是在平板上划线的第一区挑取菌落，也就细菌生长非常密集的地方挑取，而不是单个的菌落，所以造成这种结果。再仔细看那平板，原来平皿上除了有比较大的白色酵母菌落外，还有针尖样的细小菌落，此时已是 48 小时的培养物（如图 1)，在 24 小时这个针尖样的菌落还要小，后来我把它涂片发现是革兰氏阳性的球菌。

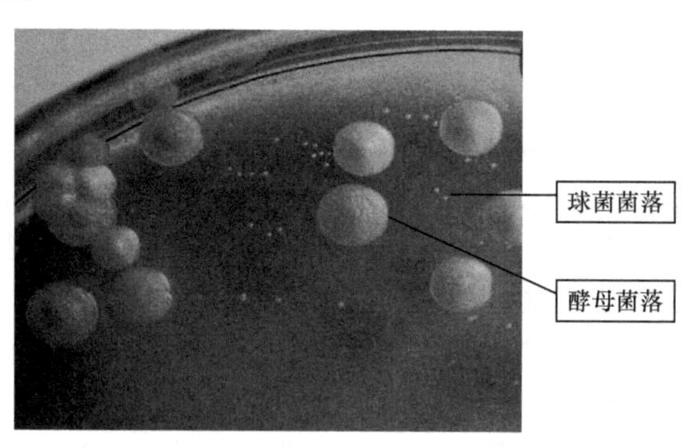

图 1　沙保罗平板上的真菌与球菌菌落

* 龚小省，湖南省新邵县人民医院检验科，422900

当时我就想，这实验要重做的话，病人的结果要推迟一两天，影响病人这两天的用药治疗，再加上这种药敏卡比较贵，成本太高，是不是有补救措施呢？我突然想到，真菌比细菌大几倍至几十倍。酵母菌的大小一般是5～6μm，而球菌的大小一般只有1μm左右，且它们的排列方式也不同，在高倍镜下应该是很好区别真菌与细菌的生长情况，此法如可行的话，虽然比较麻烦，但总比重做要快、要好。于是把它们用微量加样枪一一加到显微镜下观察，果然很好区别了（如图2）。

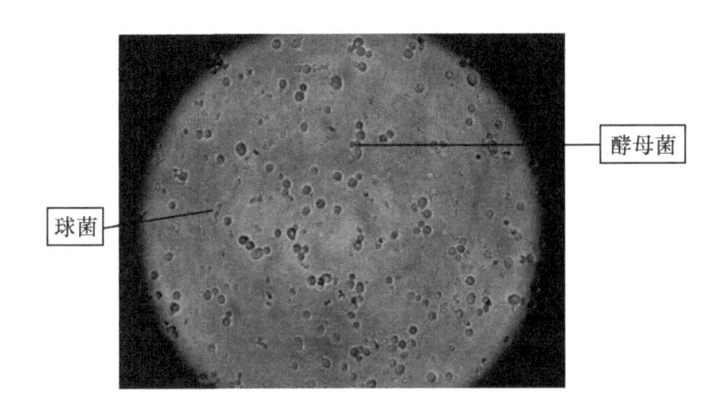

图2　未染色酵母菌和球菌高倍镜下的特点

点　评

酵母菌对作用于细菌的抗生素不敏感，一般培养所用的沙保罗琼脂培养基使用氯霉素作为细菌的抑制剂。氯霉素主要是抑制细菌蛋白质合成，高浓度时呈现杀菌作用，抗菌谱广。一般而言，对革兰阴性菌的作用较革兰阳性菌强，但绿脓杆菌、不动杆菌属、部分金葡菌、表皮葡萄球菌及肠球菌属对氯霉素具有耐药性。由此可见，氯霉素并不能抑制所有细菌生长，而这个标本刚好有对氯霉素耐药的球菌生长，当挑取真菌的同时挑取了部分球菌菌落，而抗真菌类的药物几乎对细菌无效，就会呈现出全耐药的错误结果。

安全小贴士

1. 掌握正确划线方法（如图3）。使菌体逐渐稀释，利于分离得到的单克隆。注意每次划线时，应将接种环上多余菌体烧掉。挑取单克隆进行筛选、鉴定时，要注意细心挑取纯的单克隆，不要混淆其他菌落。

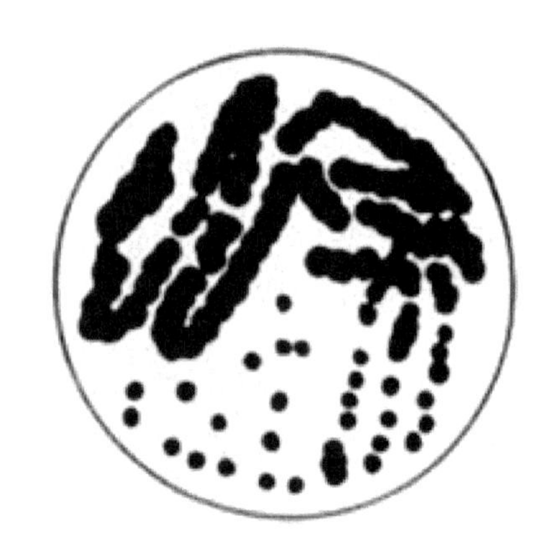

图 3　正确的划线方法（http：//218.95.30.52/mianyixue/shiyanjiaoxue2.7.htm）

2. 注意培养时间。抗生素在较高的培养温度下往往有一定有效期。时间过长，抗生素失效，导致杂菌或者耐药的阴性克隆生长，会干扰实验。如用氨苄青霉素筛选大肠杆菌时，培养皿培养超过 16 小时，在阳性克隆周围会生长出“卫星菌落”，干扰正常筛选。

3. 做真菌实验时必须穿工作服、戴手套并在生物安全柜里操作，必要时还要戴口罩或防护面罩。尽管酵母菌菌落光滑、湿润、有光泽，也不要去嗅它。因为真菌菌落暴露于很小的气流时，都会释放出分生孢子或孢子，打开含真菌的培养皿时，足以产生含孢子的气流，很容易吸入真菌孢子而致严重的肺部感染，严重时可能致命。

危害的补救措施

本实验中，利用酵母菌与细菌在显微镜下存在很大差异，我就用微量加样枪一孔一孔的吸一点出来，在显微镜下一一的观察、记录，看清楚哪些是只有细菌生长（为敏感），哪些是细菌酵母菌两者同时生长（为耐药），来鉴别酵母菌对哪些药物具有敏感性（如图 2、图 3）。

参考文献

1. 刘锡光. 现代诊断微生物学. 北京：人民卫生出版社
2. 戴白英. 实用抗菌药物学. 上海：上海科学技术出版社

抗生素，小事不小

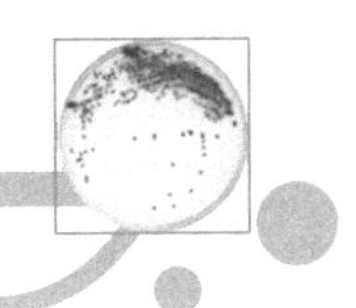

作者：Biowind

实验室手记

基因工程实验中使用抗生素筛选阳性克隆一直是一个常规操作，这样的细节太平常以至于当我的重组质粒转化产物在含卡那霉素琼脂糖平板上没长出来菌落时，我一直在构建的各环节寻找原因，忽略了培养基的问题。我从目的片段回收、酶切、连接、转化条件，一直到更换了新的感受态细胞，全都试遍了。当实验室用同一批含卡那霉素琼脂糖平板的实验都发生类似的问题时，我们才把怀疑的目光放在培养基上，最终原因终于找到了：卡那霉素的贮存液配制错误，浓度比正常值高了 10 倍（一般为 10mg/ml），因此制备的琼脂糖平板所含卡那霉素浓度也严重偏高，连含有抗性的重组质粒也无法使大肠杆菌在琼脂培养基上生长！当重新制备了含卡那霉素的琼脂糖平板后，问题就迎刃而解了。

还有一次，实验室的氨苄青霉素用完了，一个学生随意翻了翻产品目录就把货订了出去，买回来的抗生素在配制时发生了"怪事"，用蒸馏水无论如何都不溶，于是怒气冲冲打电话给厂家质问其质量问题，公司技术人员仔细询问后才知道，一般常用"氨苄青霉素"是氨苄青霉素的钠盐（$C_{16}H_{18}N_3O_4SNa$），是水溶性的，另外有一种是氨苄青霉素三水合物（$C_{16}H_{18}N_3O_4S \cdot 3H_2O$），中性 pH 下不能溶于水，需用 NaOH 调节 pH 至一定程度形成钠盐方能溶解。从此，大家对于抗生素这样的"小事"再也不敢马虎了。

点　评

越是细微之处越要重视，忽略细节常常导致整个实验"前功尽弃"。抗生素在分子生物学实验中经常应用的种类也就十来种，但各自的理化特性，应用浓度范围等却不尽相同，配制前需要查阅参考书籍，配制好的贮存液要做浓度标记以备查询。

安全小贴士

1. 常用抗生素溶液[1]（见表1）。

表1　常用抗生素的贮存液和工作浓度

抗生素	贮存液		工作浓度	
	浓度	保存条件	严紧型质粒	松弛型质粒
氨苄青霉素	50mg ml（溶于水）	-20℃	20μg/ml	60μg/ml
羧苄青霉素	50mg ml（溶于水）	-20℃	20μg/ml	60μg/ml
氯霉素	34mg ml（溶于乙醇）	-20℃	25μg/ml	170μg/ml
卡那霉素	10mg ml（溶于水）	-20℃	10μg/ml	50μg/ml
链霉素	10mg ml（溶于水）	-20℃	10μg/ml	50μg/ml
四环素	5mg ml（溶于乙醇）	-20℃	10μg/ml	50μg/ml

以水为溶剂的抗生素贮存液通过0.22μm滤器过滤除菌。以乙醇为溶剂的抗生素溶液无需除菌处理。所有抗生素溶液均应放于不透光的容器保存。镁离子是四环素的拮抗剂，四环素抗性菌的筛选应使用不含镁盐的培养基（如LB培养基）。

2. 抗生素在大于60℃的高温下将失效，配制含有琼脂的培养基时要注意把握培养基温度，既不能太热，也不能过冷致使培养基凝结成块，经验做法是把盛有培养基的三角瓶瓶底放在虎口处试温，以可以忍受的热度为宜，但个人敏感度不同，所以要多多实践训练“感觉”。新配制的一批平板可以随机抽样涂布非抗性 *E. coli* 菌株做测试。

3. 由于作用机制不同，不同抗性基因使 *E. coli* 对抗生素敏感程度不同。例如，在有抗性基因存在的情况下，氨苄青霉素浓度增加至常用量的4～10倍，对 *E. coli* 的生长几乎没有影响，而且4倍于常规用量可以抑制“卫星菌落”的生长。而对于卡那霉素，10倍的用量已经超过了抗性基因的耐受度。

4. 抗生素提倡随用随加，含抗生素的固体培养基一次不宜配制太多。置于4℃保存，时间上一般不要超过一个月，常温或者低温保存时间过久抗生素效力会下降。

参考文献

1. 卢圣栋. 1999. 现代分子生物学实验技术. 第二版. 北京：中国协和医科大学出版社

菌种保存及传递

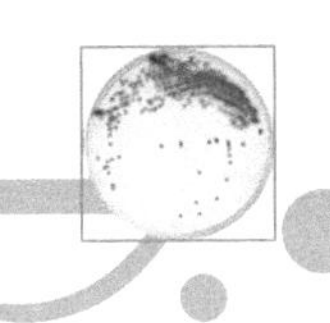

作者：dew488

实验室手记

很多人都有过别人向自己索取菌种的经历，因为都是同学、同行，也不好拒绝，通常情况都会提供，比如常用的载体菌。但如果对方索要的是国家规定的传染源菌（法定的1～4类菌），切忌不要随意赠予。我就收到过一个同学因为看到我发表的文章而向我索取菌株（布氏杆菌，乙类）。我在给他的回复中提到需要其单位出具正式的申请函，我必须要确认对方是否具备操作该类菌的条件（如实验室具备条件，操作人员是否有正规培训等），然后才能按照菌（毒）种管理监督标准操作细则来办。最终我收到了该单位提供的申请函，同时填写《菌（毒）种外购（接受赠送）申请表》，后经我科室主任批准后，采用冻干粉包装后发出，这样的结果是皆大欢喜。

附：菌（毒）种外购（接受赠送）申请表样式，供参考。

菌（毒）种外购（接受赠送）申请表

（A联：申请人保留）

<table>
<tr><td>申请人姓名：</td><td>技术职称：</td><td colspan="2">申请时间：</td></tr>
<tr><td colspan="4">菌株使用目的：</td></tr>
<tr><td colspan="4">申请出库菌株要求（详述）：</td></tr>
<tr><td>审批意见：

审批人签字：</td><td colspan="2">

审批时间：</td><td>备注：</td></tr>
</table>

库存菌株出库申请单

（B联：科室保留）

<table>
<tr><td>申请人姓名：</td><td>技术职称：</td><td colspan="2">申请时间：</td></tr>
<tr><td colspan="4">菌株使用目的：</td></tr>
<tr><td colspan="4">需出库菌株的要求（详述）：</td></tr>
<tr><td>审批意见：

审批人签字：</td><td colspan="2">

审批时间：</td><td>备注：</td></tr>
</table>

点 评

菌种的传递不仅仅是一种交流，更是一种责任。如果由于你的一时不按章办事而出现问题，我想受害的不仅仅是你自己，还有那些至亲的人。大家要切记！一切依规定办事！

安全小贴士

1. 菌、毒种的交换需要注意：

①菌、毒种最好冻干、真空封口发出。如不可能，毒种亦可以组织块或细胞液的形式发出，菌种亦可用培养基保存发出，但管口必须密封。

②各生产单位或其他机构之间相互索取的菌、毒种，凡直接用于生产及检定者，均须经国家药品检定机构审查认可。

2. 菌、毒种的索取与分发要注意：

①索取或邮寄菌、毒种，必须按《中国医学微生物菌种保藏管理办法》执行。

②分发生物制品生产和检定用菌、毒种，应附上详细的历史记录及各项检定结果。

③私下索取的非毒性菌株往往没有正式鉴定报告，收到后，宜做鉴定、确认后方可使用。

3. 获得菌株后复苏培养，并首先保证留种需要，及时保存。注意传染性物质安瓿的储存不能浸入液氮中，因为这样会造成有裂痕或密封不严的安瓿在取出时破碎或爆炸。如果需要低温保存，安瓿应当储存在液氮上面的气相中。当从冷冻储存器中取出安瓿时，实验室工作人员应当进行眼睛和手的防护。以这种方式储存的安瓿在取出时应对外表面进行消毒。

4. 其他保存注意事项：

①大肠杆菌不同菌株的保存期差别较大。有些菌株在液体培养基中，4℃可保存几个月，而有些菌株在相同条件下只能保存几天，如相同条件下，大肠杆菌K12株比大肠杆菌X1776株保存期长。所以菌株首先应划平板分离单个菌落，经扩增后再做抗药性等鉴定，然后应用或保存。保存一般用对数生长后期的细菌。根据不同需要做短期、中期或长期保存。

a：LB琼脂平板划线，37℃，倒置平板培养（16～24h），形成单一菌落后，用石蜡纸将平皿四周封严（使平皿隔绝空气），倒置放入4℃或－20℃冰箱中，可保存几天～数周。

b：穿刺琼脂，室温，避光可保存数年。

c：冰冻，单一菌落，液体培养基中扩增后，稀释后倒入10%～50%甘油培养基中，分装，置－20～－70℃。可经过30次冻融，细菌仍然存活。细菌在LB中过夜培养，加入等体积2×冰冻培养基。液氮速冻后置－70℃，可经15次冻融，保存5年以上。

②注意在－70℃长期保存带有重组质粒的菌种时，高浓度甘油（大于10%）会导致质粒不稳定。请尽量保持甘油浓度8%（15%浓度的甘油保种液和新鲜菌液1∶1就行）。

图片

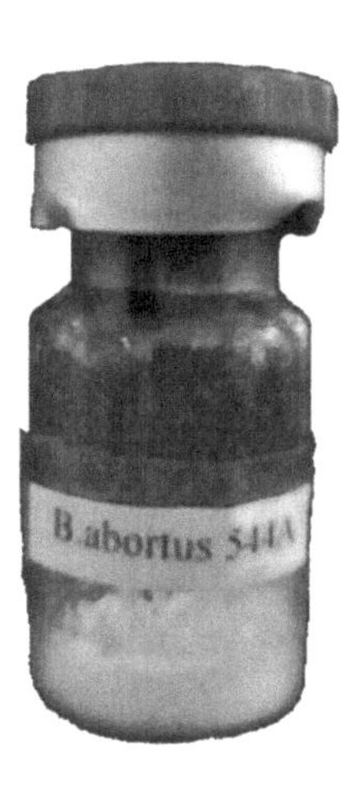

图1　冻干粉包装

参考文献

1. 中华人民共和国卫生部. 2002. 中华人民共和国卫生行业标准
2. 中华人民共和国卫生部. 2006. 微生物和生物医学实验室生物安全通用准则
3. 中华人民共和国国务院. 2004. 病原微生物实验室生物安全管理条例
4. 生物制品生产和检定用菌种、毒种管理规程
5. 中华人民共和国卫生部. 1985. 中国医学微生物菌种保藏管理办法

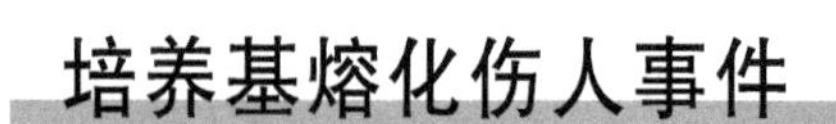

培养基熔化伤人事件

作者：刘　文

实验室手记

这是一个真实发生在我身边的例子。

每年我们科室里面都会有医生轮流进实验室做半年科研。有一位非常有气质的女老师，是个很不错的医生，但是也许不经常做实验，所以有些实验操作并不熟悉，结果差点酿成严重后果。

微生物实验室的人一般都会经历过一件事，高压灭菌过的培养基没有及时倒到平皿中，会冷却凝固，但是急等着用的时候，有人会用微波炉将其熔化。我提到的这位老师在微波炉里融化培基的时候，没有把塞子打开，而是封着瓶口。封瓶口的物品为橡胶塞、纱布、纸，一共三层，用小线绳绑好的。她先热了一会儿，就把琼脂糖拿出来晃一晃，再热一会儿又拿出来晃晃，一开始还没事；后来差不多都熔化的时候，她还拿出来晃，并且这个时候把塞子打开了，结果培养基一下子就喷出来了，她也就受伤了。

当时赶快用冷水洗脸，另一位老师送她去积水潭医院检查，幸运的是没有留下疤痕，半个月后就基本复原了。后来那位老师再也不敢碰微波炉了，心里有了阴影。其实只要操作正确，平时多注意应该没事！看全过程她还是非常注意的，应该不是忘记松塞子，而是不知道这里面的危险。

在这事情发生后不久，又有一个研究生在融化琼脂糖的时候没有把橡胶塞打开，结果塞子在微波炉里面喷射了，发出一声巨响，好在她离得比较远，没有人员和物品的损失。我想说，为什么我们总是犯相同的错误呢？难道别人的经验教训就这么难以深入自己的心中吗？

点　评

即使在家中，微波炉使用不当，也会造成很多危险。原因在于微波辐射是使被加热物从内部开始水分子振动变热的，被加热物中心部位容易局部过热。没有把瓶口松开，这就是惨剧发生的根源。

培基内部温度过高，盖上盖子后内部压强加大，如果突然减压，沸腾的培养基势必伤人。

安全小贴士

1. 无论是用微波炉或者电炉熔化培养基时要格外注意：如果瓶子上的旋口帽没有松开，蒸汽则没有足够空隙排出，当容器从微波炉或高压锅拿出来时遭遇温度骤变，瓶子会爆炸。故容器在放入微波炉或高压前，应将瓶帽拧松。

2. 其次，短时间，多次加热。在正确操作的情况下，每热一会儿就会拿出来晃一晃是正确，且没有危险的。因为这样可以使培养基缓慢均匀的受热，而且微波炉的加热原理也是先内后外的，所以反复多次比较安全。切忌不要一下子就把时间定得很长，加热时没有及时摇匀，使得底部骤热产生的热气瞬间顶破上部未融的琼脂，造成培养基井喷或者沸腾外溢。

3. 微波炉内切勿使用金属器具，镶金属边的器皿也不能使用。微波炉中通常使用陶瓷、耐热玻璃。塑料、木、纸制品不推荐使用，很多培养瓶采用棉塞，加热时更要注意避免长时间加热，以免引燃棉塞材料造成火灾。若不慎发生火灾，切记不可马上打开微波炉门，要先关闭电源，待火熄后开门降温。

危害的补救措施

实验室发生局部轻微烧伤烫伤的急救措施：

1. 立即用冷水或是冰水浸泡、冲洗烫伤或灼伤的部位，至无痛的感觉为止，以减轻皮肤的损伤。

2. 创面周围健康皮肤用肥皂水及清水洗净，再用0.1%新洁尔灭液或75%酒精擦洗消毒。创面用等渗盐水清洗，去除创面上的异物、污垢等，皮肤没有破损的话，可外涂一些治疗烫伤的药膏。

3. 如果皮肤已出现水疱，保护小水泡勿损破，大水泡可用消毒针刺破水疱，挤放出液体。

4. 如果皮肤的水疱已破或已剥落，应剪除泡皮，创面用纱布轻轻辗开，上面覆盖一层液体石蜡纱布或薄层凡士林油纱布，外加多层脱脂纱布及棉垫，用绷带均匀加压包扎。

5. 如果致伤的部位不能包扎，宜采用暴露法，使创面干燥，减少感染的机会。

6. 烫伤常易并发感染，宜加用抗菌素，还可注射破伤风抗毒素。

7. 如果致伤的程度深，范围较大或部位重要，应紧急处理后立即送医院做进一步的处理。

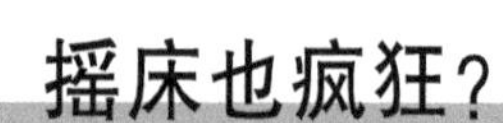

摇床也疯狂?

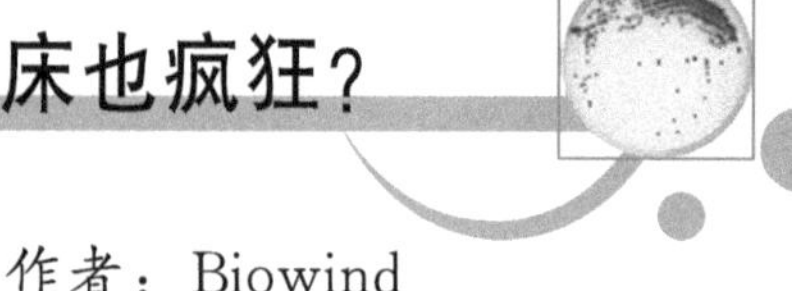

作者：Biowind

实验室手记

对于做微生物实验的人来说，空气浴摇床是最基本的仪器，但如果它要“罢工”，没了这细菌滋养的“温床”，绝对是一件让人发愁的事情。

我不知道别的实验室是如何把盛有液体培养基的玻璃试管固定在摇床内，使试管固定在像棋盘一样交叉的弹簧之间的。我们一般是一束试管用皮筋扎好，然后把摇床上的弹簧左右交叉、前后交叉，试管插在缝隙中。但是有时候转速太大了，或者固定不当，第 2 天常常发现试管上的橡胶塞不翼而飞了，这到还是小事，偶尔还有试管散落在摇床里面。有一次，学生向我汇报说，摇床坏了，摇不起来而且还有咯吱咯吱的声音。我赶紧用螺丝刀把摇床的台子给卸了下来，虽然预料倒是有玻璃碎片掉落到带动台面摇动的马达附近了，但是下面的杂乱情景还是吓了我一跳：不知道有多少的橡胶塞、多少的玻璃试管碎片、橡皮筋散落其间。看来“冰冻三尺，非一日之寒”，马达轴附近有这么多东西，能转起来才怪！清理了杂物，摇床又活动自如了。

然而，过了几日，学生又匆匆忙忙找我：这次是一打开摇床，就冒出一股塑料焦了的味道！天啊，这我可不敢擅自处理了，找来了工程师。工程师拆开机器的电源部分，万用表左查右查，终于查到了让人哭笑不得的原因：是有泡沫塑料黏附在摇床内的用于控温的风机马达转轴上，融化而发出焦味。那么泡沫塑料又是如何而来的呢？原来做大肠杆菌转化的实验中，感受态细胞要在 42℃水浴中“热激”，我们常常用硬的泡沫塑料板 DIY 成 1.5ml 的 EP 管架放在水浴锅里，并很为我们的“废物利用”和“节省”而自豪，而在下一步实验中需要在 1.5ml EP 管中加上 LB 培养基摇床中培养约 1 小时后再收集菌体涂板，这 1.5ml EP 管往往继续被放在我们 DIY 的 EP 管架上，放置在摇床里培养，随着摇床剧烈摇动和弹簧摩擦，免不了会有泡沫粒子从边缘脱落，而重量极轻的粒子就随着摇床内气流的流动被吸入风机的转轴，受热烧糊了。听工程师说严重的话，可能会导致风机过热而烧毁！没想到这么沉重的摇床会毁在轻飘飘的塑料泡沫上！自此，这

种塑料泡沫做成的EP管架在我们实验室就被严禁放入了。

点　评

一般空气浴摇床的维护工作做好了，并不会发生事故，然而一些平时不当的操作习惯往往会给摇床的安全带来隐患并缩短仪器寿命。

安全小贴士

1. 样品牢固固定于摇床，玻璃试管宜倾斜45°，可借助于橡皮筋等辅助工具。需检验当摇床运转时，试管不会剧烈甩动后方可离开；取样时发现如有样品缺少（包括塞子掉落）应及时从台子底部缝隙中取出杂物。

2. 有裂纹的玻璃器皿、泡沫塑料等易损坏物品禁止放入。

3. 运行前检查温度为适当温度条件，必要时以温度计校正。

4. 取出样品时，一定要关闭控制转速的电源或者将速度调为0。

5. 为了仪器平稳工作，启动时速度应慢慢往上调，切勿突然启动，最高速度请勿超过仪器限定的最大转速（一般不超过200转/分钟）。

6. 为保持温度恒定，安置或者取出样品时，动作尽量迅速，暂时不用时，温度电源一般不需关闭，而控制转速的电源可关闭。

危害的补救措施

1. 发生杂物掉落时，关闭总电源后尽可能利用长镊子等将杂物取出，必要时拆卸部分零件处理。

2. 电源等故障，在排除保险丝熔断的情况下，拔掉电源插头，仪器上做好标志警示牌，及时报修仪器维修工程师处理。

第五章　动物实验室

小鼠也晕车？

——实验动物运输途中的应激反应

作者：孙世顷*

实验室手记

今天我要做一个实验，需要订购小鼠。按照常规方法，我打电话到×××医科大学实验动物中心，得知当天就可以拿到适合的小鼠。由于医科大学实验动物中心离我们学校不远，我决定自己去拿小鼠。很快，我骑着自行车出发了，七月份的天气还真是热啊，到了医科大学的实验动物中心，开票，交钱，等候，1小时后，我拿到了小鼠，装在运输盒中，放在自行车后座上，用力蹬车飞奔而回。回到实验室后，把小鼠分盒饲养在IVC架子上面，加上饲料和水，就回宿舍了。第二天，我一大早就去看望我的“宝贝小鼠”，眼前的景象“惨不忍睹”，大约有一半的小鼠都“捐躯”了。仔细检查了IVC系统的送排风温度、湿度、气压等都没有任何问题，怎么会出现这种情况呢？最后还是饲养员仔细询问了我昨天购置动物的过程，认为是运输小鼠的过程，导致了小鼠产生了的强烈应激反应。难道小鼠晕车？饲养员说很大的可能是小鼠是被热死的。我当时虽然也觉得外面很热，但是认为只有一会儿时间（半个小时左右），小鼠应该可以承受的，没有想到它们的生命如此脆弱。没有办法，只能当作花钱买个教训了。

点　评

除非人灵长类外，实验动物的汗腺均不发达，它们被长期饲养在舒适稳定的环境中，对环境变化非常敏感，尤其是在运输过程中，更需要严格控制运输环境的温度，避免强噪音。不要以为运输时间短就疏忽大意，短时间处于高温环境，也可能使小鼠产生应激反应，导致小鼠死亡。

* 孙世顷，中国药科大学，210009

安全小贴士

1. 购买实验动物之前，首先要确定供应单位是否具有实验动物生产许可证，实验动物生产许可证是否在有效期范围内，你所购买的实验动物是否在其实验动物生产许可证范围内。购买动物时，除发票之外，对方还需提供实验动物的合格证。

2. 实验动物在运输过程中，要注意供应饲料和饮用水，注意温度、湿度和环境噪音的影响。需要把动物放在专用的包装盒中运输，运输过程中，要尽量保持动物所处的环境的温、湿度和噪音等尽量和动物饲养室类似，以尽量减轻由于运输造成的动物的应激状态。有资质的实验动物供应单位其运输车辆配备有空调温控设施，可有效控制运输环境温度变化。严禁委托快递公司以运送货物的形式运送实验动物。

3. 在标准条件下的短途运输 2 小时也会引起小鼠的生理生化上强烈的应激反应（如体重血糖下降一系列免疫因子水平显著波动等）。因此，在接收到大/小鼠后，一般要经过 3 天的适应期才能全面恢复。即使是 0.5～2 小时的标准条件的短途运输，也会引起小鼠体重、血糖以及一系列免疫因子明显下降。收到小鼠后，一般需经过 3 天的适应期才可全面恢复。

4. 长途运输对小鼠影响的各项数据尚未有详细报道，但可以推断的是其对实验动物的影响更大。可进行更长时间（如一周）的适应性饲养，经仔细检查动物身体处于正常状态后，才可以开始实验。

危害的补救措施

1. 在订购动物时，发现对方不能提供有效的动物生产许可证的，需要及时更换采购单位。

2. 接收动物时发现包装盒破损或实验动物有明显的精神不好，身体状态欠佳情况，需要及时请质检人员检查，有问题的实验动物不得进入实验室，需要及时退订。

新进动物要体检

作者：赵 强

实验室手记

我们实验室使用的动物，一般都是由专人负责订购接收，各个环节一直都没有出过错，久而久之大家在这方面都有点松懈。这次，我又开始一个新的实验，因此订购了第一批小鼠，适应性饲养数日后，准备开始实验，却在一笼雌鼠中发现了一只雄鼠，而且这笼雌鼠已经有好多已经“未婚先孕”了，结果实验没有办法进行，只能重新订一批动物，既浪费时间又浪费金钱。因为接收这批动物时没有注意，所以也无从考证是否为供应商出的错，还是我们的工作人员的问题。

在我们接收第二批实验小鼠时发现有些小鼠状态较差。供货商解释说是天气热，路上时间久的缘故，当时质检人员看了也没说出什么原因。因为急需这批小鼠做实验，也就没太在意这些方面。这批小鼠在适应性饲养一周后，多数小鼠状态尚可，但也有几只状态不好的。因要赶实验进度，没有多想就开始实验。实验的时候由于时间比较紧，我在小鼠手术后还没有等动物全部苏醒就把它们放回笼具，结果第二天发现小鼠死了 3 只，后续实验无法进行，真是郁闷。

点 评

实验动物的购买和接收是动物实验开始前的首要环节，每次都要仔细、认真，不能马虎。不要因为有专人负责，实验人员就不去过问，应在动物到实验室后的第一时间，实验人员就要全程跟踪，千万不能偷懒。千万不能忽视动物到达实验室后的“适应期”，否则可能“欲速而不达”。

安全小贴士

1. 新到动物最好由质检人员、课题研究人员和饲养人员负责接收。动物到达后，接收人员应认真核对动物供应清单及动物包装

箱上标识内容是否与订购单内容一致，并要求供应单位提供动物质量合格质检人员证。

2. 新购进动物必须从专用的动物传递通道传送至动物检疫室，并由质检人员逐只检查动物健康状况，将合格与不合格的动物分笼饲养。对于不符合实验要求的动物，由采购人员全部作退货处理并通知课题负责人；符合实验要求的动物在用于实验前，必须经过一段适应期。适应期一般 3～7 天。

3. 将动物放在笼内，对其整体外观进行观察。主要观察其：被毛光泽，紧贴身体，行动活泼，四肢有力；体格健壮，食欲正常，粪便呈粒状；眼睛鲜明有神，呼吸正常；皮肤无结痂，外观无临床症状；符合课题组实验计划书所提出的要求。

4. 不同种属、不同品系、不同实验的实验动物应分笼、分架，甚至分室饲养；不同地点或不同来源的同种动物也必须实施分别饲养。每天均要认真观察动物的日常行为如：食欲、行为和粪便等，并做详细、完整的记录。不同笼的成年雄性大、小鼠也不能合并到同一笼，避免互相撕咬打斗。除非为了繁殖，不同性别的动物也不应放在一个笼盒饲养。

危害的补救措施

1. 发现新到动物的相关信息与申购信息有差别，或动物包装箱有破损等情况，应及时通知送货和采购人员进行退货处理，不能因此影响实验质量。

2. 适应期间如有动物死亡，应判断死亡原因，必要时进行尸体解剖，及时将该笼子及垫料等死亡动物接触过的物品转出并消毒，若笼中还有其他动物，则记录下笼号，并将笼中剩余动物隔离饲养观察，根据可疑动物的具体表现，由质检人员与相关负责人协商后处理，并做好相关记录。

[附录] 啮齿动物健康日常观察表

品种、属及品系		接收日期	
动物性别		动物微生物学等级	
动物房号		笼牌号	
观察日期		健康情况	
备注（体表、行为、精神状态、采食饮水、粪便尿液等）			

当心环境引起小鼠的"狂躁症"

作者：Biowind

实验室手记

2006 年冬季，我们研究所动物中心楼上发生一起火灾事故，当消防车呼啸而至，火灾被及时扑灭后，"火灾"变成了"水患"。由于实验楼是一座年代比较久远的建筑，各层之间封闭较差，积水直漏到楼层的夹层甚至直至下一层楼，导致楼下动物房全面停电，部分房间漏水，不仅中央空调系统停转，IVC 系统也停止运行，为防止实验动物窒息死亡，不得以我们紧急将所有笼盒打开，大、小鼠们暴露在湿冷的空气中度过了一个"难忘"的夜晚，直至第二天积水全部处理完毕、恢复供电，我们清点了一下，并没有发生实验动物的死亡，尤其是我有几笼小鼠刚刚产下幼鼠一周左右，看起来在母鼠的保护下安然无恙，我们以为侥幸渡过了一劫。

然而等到这批小鼠离乳，我去进行分笼的时候，发现只要一走近笼盒，小鼠就异常"活跃"的集体在笼子里乱撞狂奔，打开笼盒后，小鼠争先恐后向上窜。按常规，即将离乳的小鼠也比较喜欢跳跃，所以我开始并没有多加在意。但是等到了 6 周龄以后我要用来做行为学实验之前进行"Handle"（安抚）时，我发现即使进行到第三天，往常最"调皮"的小鼠应该也已经适应了我的安抚，在我手中享受这个过程时，我这一批小鼠仍然去咬我的手套、一次次从我手中惊恐地跳开，我才意识到这批小鼠应该是收受到了"水灾"事故的影响。

随后其他人员交流了一下，发现在事故之后，除了像我的这批小鼠存在"精神异常"外，还有些孕鼠生下小鼠后发生"食仔"现象。本以为突发事件后小鼠没有发生死亡就是万事大吉，实际上有些影响是要陆续显现的，比如小鼠的"心理"状况，这次突发事件给我们上了结结实实的一课。

点 评

野生动物长期在自然界的生存中，其适应能力很强。相反，实验动物终生生活在人为控制的标准饲养环境中，对环境的依赖程度很高。换言之，实验动物对环境条件波动的适应性很差，各种因素的异常都可能影响小鼠的生理代谢、精神状态、繁殖甚至存活率，自然也就影响科学实验。

安全小贴士

动物实验结果需要良好的重复性，就必须要求实验动物具有稳定的演出型；为了使动物的演出型能保持稳定，就必须对动物进行充分的遗传与环境的控制，尽管实验动物环境控制工作并不是由研究人员亲自完成，但是以下因素仍值得研究人员注意，以确保实验动物在稳定的饲养环境下表现出稳定的“演出型”，从而保障实验的顺利：

1. 饮水：水瓶中的水拟饮用 3 天为限，届时没有消耗完，也应更换掉，避免微生物繁殖。

2. 温度：在屏障环境中，室温波动范围要在 20～25℃之间；高温（＞28℃）可影响动物繁殖力、生长发育受阻；不适宜的温度还会使动物处于应激状态，各生理指标都产生明显改变，严重时可能引起死亡。

3. 相对湿度：湿度过高引起动物代谢紊乱、发病率增加，同时易引起饲料霉变，微生物增殖；而相对湿度过低，粉尘飞扬，易引起动物肺炎等呼吸系统疾病，大鼠在相对湿度低于 40％时，易发生“环尾症”。

4. 噪声：高分贝噪音是引起动物应激反应的主要原因。强噪音严重影响动物生殖和育仔。在操作金属部件的笼盒时尤其要注意这一点，动作需轻柔。

5. 光照：由于大、小鼠是夜行性动物，长时间强光会引发动物恐惧不安，影响动物繁育生长，而照明的周期不加以控制或者经常改变，也会引起生殖、生理、生化等方面的改变。日常操作完毕应注意及时关闭工作照明灯。

6. 垫料：注意保持垫料清洁的同时，并非更换的越勤越好，每次更换垫料对于动物都是一次环境的变化刺激，一般一周之内更换应少于两次；母鼠哺乳时期尤其要注意。

7. 密度：一般标准 IVC 小鼠笼盒，小鼠每笼最多不超过 6 只；大鼠要视体

重而定，幼年大鼠可3～5只/笼，对于成年大鼠，应2～3只饲养。

8. 注意不同种实验动物不能混合饲养。例如，兔可能隐性感染支气管败血性鲍特氏菌而无临床症状，若与肠鼠同室饲养则易引起后者感染而死亡；犬的饲养场地要同其他动物的饲养场地有一定距离避免犬吠引发其他实验动物的不安和应激反应；

9. 同种动物饲养：猫或者鼠的群养并不像猴、犬、猪、兔会形成“动物社会”，但偶尔在一个群体中会有一只大/小鼠对其他动物进行攻击和打斗，此时，宜将该动物隔离。不同笼的成年小鼠不宜合并到同一笼，以防打斗。

危害的补救措施

1. 动物饲养室宜有后备电源，动物饲养室照明灯、空调机等如遇突发停电时及时更替。

2. 梅雨天要注意饲料不宜储备太多；相对湿度增加时紫外杀菌效力会大幅度降低，因而要延长紫外照射时间（可加倍）。

3. 有条件的实验室可考虑在饲养室播放轻柔的背景音乐，可在一定程度上掩盖人员走动，操作乃至更换笼盒等操作时产生的噪音影响。

图片

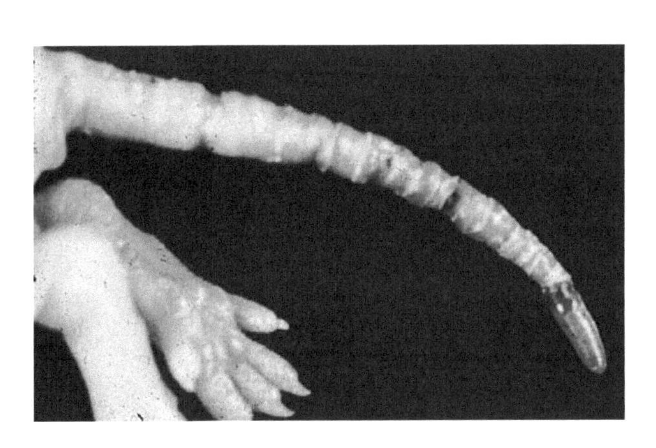

图1　大鼠的“环尾症”

（引自 http：//www.ccac.ca/en/CCAC_Programs/ETCC/Module05/08.html）

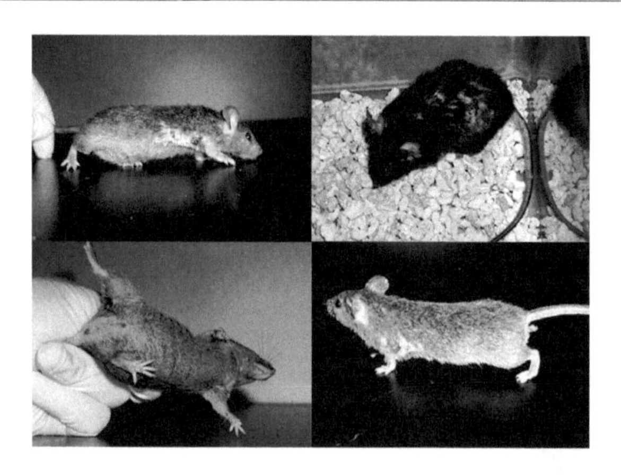

图 2　不同笼的成年小鼠合笼后发生打斗后的惨相

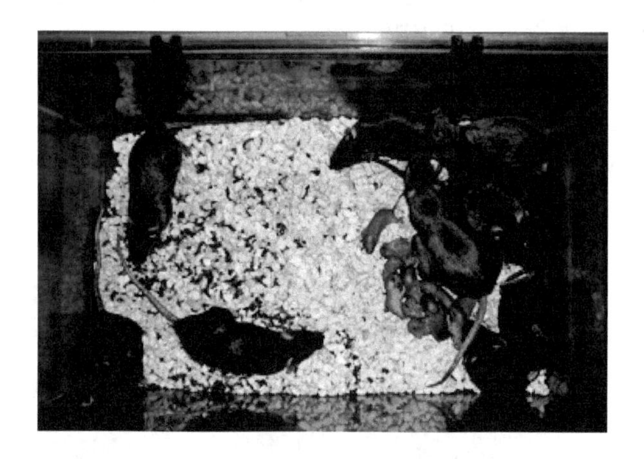

图 3　密度太大，违反动物福利

关注动物的“菜篮子”

作者：Biowind

实验室手记

我的研究课题是动脉粥样硬化动物模型培育，因此需要制造兔的高胆固醇动物模型，我查阅了一些文献中饲料添加的胆固醇含量，发现饲料中胆固醇含量在0.3%～1%，含量越高，制备模型的时间越快。还有的配方中添加了蛋黄粉、猪油，猪油的比例也不等，从0.5%～5%都有。我想：既然这些物质添加得越多，高胆固醇模型建成的越快，那我就采用一个各类添加物含量最高的配方，应该可以大大加快实验进程，何乐而不为呢？

于是我订购了高胆固醇的饲料，每天亲自把饲料放的足足的。看起来兔子还挺爱吃的，我心里那个高兴啊！然而才过了三周，我发现兔的粪便不再是大颗粒状，而是越来越小，有时竟像红豆般大。据饲养人员说兔摄食量骤减。我急得不得了，然而不知道原因在哪里，还没等我找到解决办法，我的兔接二连三地发生了死亡，看着兔子的尸体，我欲哭无泪。为什么啊？难道是饲料不合格？出了什么问题？我去请教有经验的管理人员，管理人员听了我的实验设计，一语道破了关键所在：我给兔饲喂了高胆固醇饲料含热量太高，导致兔的营养过剩，从而摄食量大大减少，引起粗纤维摄入的缺乏。兔是典型的草食性动物，在缺乏粗纤维时通常会发生腹泻，这次却是粪便颗粒变小甚至死亡。管理人员建议我当发现实验兔在食用高胆固醇饲料后，粪便颗粒日趋变小至黄豆大小时就要给兔补充粗纤维，甚至停止使用高胆固醇饲料。

原来罗马真的不是一日能建成的啊！

平时因为饲喂普通的实验兔有专门的技术工人负责，总觉得饲料的事情不需要我们关注。而从这次的教训中，我体会到了，科研人员还是有必要去了解动物对饲料的一些基本要求，尤其是你的实验涉及饲料中药物的添加或者成分改变时，更是要考虑周全，才能避免不必要的损失！

点　评

“民以食为天”，对于实验动物来说，饲料对于保证动物正常的生理状态也是至关重要的，不同动物对营养有着不同的需求。兔饲料的粗纤维含量应不低于11%。本实验设计中忽略了胆固醇添加物对兔的饲料摄入量的影响，导致兔减少了对粗纤维的摄入，这是最终导致兔死亡的原因。

安全小贴士

1. 事实上，市场上供应的商品化饲料不一定能保证是全价营养的，但是使用者却认为它们是全价的。而不同营养价值的饲料会引起动物不同的反应，因此动物实验过程中要保证饲料来源稳定，最好是同品牌同批次。

2. 使用高质量的动物饲料。实验中如发生动物不明原因死亡，排除疾病等原因外，尸体解剖中发现肾肿大病变，可怀疑饲料发生有毒有害物质污染。

3. 繁育饲料或者热量超标饲料不宜长期代替维持饲料。动物长期营养过剩会导致肥胖，而肥胖的实验动物不宜用作药物研究。

4. 对于成年实验动物，采取限量饲喂可推迟动物老化，生育力也有所增强。比较简单的方法是限制动物采食时间，如限制动物每天只有6h自由采食。

5. 在饲料中添加药物进行实验时，要注意药物或其他待测物可能通过各种方式改变动物的营养状况：

a. 检查动物摄食量的变化。测试物可能改变饲料适口性或者动物食欲，从而改变对饲料营养及药物的摄入量。

b. 注意待测物可能与饲料中某些营养成分发生作用，导致营养成分降解，或者自身性质改变；例如：二价正离子可与饲料中一些纤维结合形成不能吸收的络合物。

c. 测试物可能影响动物对营养的吸收、代谢和动物的排泄过程。

6. 当在全价饲料中也含有待测物成分时，需累积计算待测物质含量。条件允许时，需要订购不含该成分的特殊饲料。

IVC 系统笼具操作易犯小错误

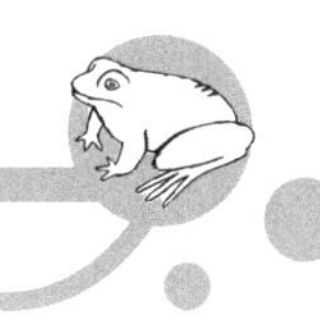

作者：赵　强

实验室手记

说起 IVC 系统（individually Ventilated cages，独立通气笼盒），我们研究所的科研人员每天都会用到，更需要注意其安全性。下面介绍日常工作中所遇到的在 IVC 系统使用过程中易犯的几个错误。

因为动物饲养及动物试验的需要，我们经常要将每个独立通风笼盒从架子上取下，完成操作后再放回。取下笼盒一般不会有什么问题，用双手轻轻抬起 IVC 笼盒外端，沿笼架搁挡向外轻轻移出笼盒即可；但是在将笼盒放回笼架的过程中，我们常常会犯错误。其中有一次，实验做完后，我把笼具放回时，由于时间比较紧，放上去后没有再检查一遍，第二天早上发现笼具里面的垫料全部湿了——“水漫金山”了，原来水瓶子瓶口有点漏水。小鼠在湿漉漉的垫料上面过了一夜，其状态都不好，还有两只生病了，对最后的实验结果影响很大。还有一次，也是在实验结束后，放回笼盒的过程中，由于粗心，笼盒的推放没有到位，导致风没有送入笼具里面，第二天检查，里面的小鼠全部被闷死了，心里那个沮丧啊，不用说了。这两次情况都是第二天就发现了，有个同事有段时间每次笼具送回时都没有送到位，但是还有少量净化空气进笼，也就是进出风接口的“藕断丝连”，小鼠虽然都活着，但是由于送净化空气不到位，空气流通不好，导致小鼠状态每况愈下，还以为是小鼠微生物学质量的问题，最后经过仔细调查，居然是每次实验结束后的这个小动作的不到位导致的，郁闷了好几个月。

上述的两个小错误，在 IVC 系统的使用操作时，时常会有发生。虽然都是一些小的差错，但是后果很严重。

点　评

在 IVC 系统的使用中，无论是实验饲养，还是动物实验操作，一定要认真对待，按规范化操作行事。该系统虽然可以给动物提供一个舒适安全的生存环境、有效保证实验动物状态、避免环境条件

波动的不良影响，但该系统的操作也比较繁琐，稍有不慎就会让动物出现死亡，给试验带来很大的影响。尤其是在笼具送回笼架过程中，一定要注意进出风口的接口，一定要可靠的连接，还有，注意看一下饮水瓶，防止水瓶漏水以及水瓶口移位，导致动物无法喝到水。

安全小贴士

说起 IVC 系统，大家多数会想到屏障环境 SPF 级动物房。想到进出屏障环境 SPF 级动物房的一些繁琐规定，运行所需的较大花费等。其实屏障环境 SPF 动物房内运行的 IVC 系统一些操作更为严格。其中独立通风笼盒是整个系统的核心单元，它不但可以确保动物有舒适的生活环境，而且还可以避免动物受病源微生物（包括寄生虫）的影响。

1. IVC 系统的使用操作要细心，而且要有耐心。取盖笼盖一定要控制好力度，笼盒盖的两个卡扣接口处比较容易脱落断裂。特别是操作后盖上笼盖的过程，先要检查笼盖的方向是否正确，笼盖上的密封圈是否松动、脱落，生命之窗的软盖是否盖好等。然后要将盖子的四边与笼子的四边完全吻合，最后两边的卡扣要同时上推，不同时的话经常会使后推上的那边卡扣扣不上。甚至会损坏卡扣。

2. 在试验操作后放回笼盒，一定要把笼盖上的进出风口对准笼架进出风口，沿笼架搁挡，轻轻推入，进出风口接口后在笼架固定钮内放下即可。如果方法正确，在推进的过程中很顺利，没有阻挡的感觉。这个操作容易犯的错误一是没有推放到位，二是后面的进出风口没有接好。后果都会使动物缺氧死亡。

3. 给动物换水和饲料后将笼盒放回笼架上后，一定要检查水瓶有没有漏水现象，如发现漏水应及时更换漏水水瓶。国外较先进的 IVC 系统动物饮水已经不用水瓶了，而改用自动供水系统，只要动物一碰出水口，水就会流出（事实上兔笼的装置中，一般饮水设施都是这种装置）。

4. 动物饲养时经常要做的事情：①添加饲料：啮齿类动物为自由采食，时间大多在夜晚，根据动物的数量添加，一般加一次料可维持 3 天左右。②更换饮水瓶：啮齿类动物的饮水量不大，对于一笼小鼠，一瓶 250ml 的水维持 3、4 天左右。水与饲料均要灭菌处理。③更换笼盒：先将灭菌过的笼盒移入超净工作台中，放入适量灭菌垫料，然后打开需换笼盒的金属网盖，用消毒灭菌过的大镊子（镊头最好套上一段乳胶管），挟住动物尾巴。把动物移至清洗灭菌后的笼盒，盖上金属网盖。加足饲料及饮用水，盖上盒盖，扣上卡扣，最后把原笼盒上的动物实验记录卡片移插至新的笼盒上，并把换下的笼盒放入专用塑料袋中，扎紧集中

外运处理。

危害的补救措施

有时试验难免都会犯些错误，如笼盖没有盖好，发现后立即重新盖好等。不能硬来，更不能因为麻烦不管。没有饲料应及时添加，如果发现水瓶漏水，应及时更换水瓶笼具，并对该笼动物进行跟踪观察，记下详细的记录。每次放回笼盒后都要认真观察动物的状况，可以在半小时后再次观察，发现不妥及时改正，并分析原因做好记录。

图片

图 1　左边四幅为正确操作，右边四幅为错误操作

Beagle犬的“紧箍咒”

作者：赵向峰

实验室手记

毕格犬（beagle）原产英国，是猎犬中较小的一种。在以犬为实验动物的研究成果中，毕格犬是被国际公认为较理想的标准实验动物。毕格犬属于大型动物，目前广泛使用的都属于基础级动物（普通级）。

有一次我们需要用毕格犬做实验，毕格犬运来时的编号方式为颈部颈圈，因为以往没有特别多的经验，所以沿用了动物基地的这种标号方式。饲喂了一个多月后，我们忽然发现一向温顺的毕格犬情绪变得暴躁不安，经常用爪子挠颈部，而颈部皮肤居然已经破损感染。原来毕格犬购买来时处于生长发育期，经过一个多月的饲养，动物体重明显增加，颈部也明显变粗了，购买时用于编号的颈圈目前已经偏小，导致毕格犬颈部受勒、感到不适，于是毕格犬就经常用爪子挠被颈圈压迫的部位，不久就挠破了皮肤，很快引起局部感染。观察到这个情况后，我们立即采取了措施，一方面给予抗生素软膏治疗局部感染部位，另一方面也除去了毕格犬的颈圈，改用耳廓内侧黔刺编号。经过积极治疗后，过了好一段时间毕格犬才完全恢复了健康，万幸的是实验结果并未受到影响。

点　评

在进行实验前所有的毕格犬都需要标记，以利于实验进程中的标识。通常动物基地会对其培育的毕格犬标记，所以在运抵后可先查看毕格犬身上是否有标记，如果没有则需要自己进行标记。因为实验动物一般都处于快速生长发育时期，其生长发育、体重增加很快，很容易导致挂牌部位受勒，造成动物损伤。因此毕格犬的标号建议在耳廓内侧黔刺编号，若需采用颈圈，应定期检查，及时更换大小适用的颈圈。

安全小贴士

对于毕格犬的饲养方面，除了编号外还需要注意以下几个方面：

1. 实验需用使用毕格犬，通常要经过运输，甚至是长途空运，在密闭（航空公司要求）环境中长时间拥挤，会导致毕格犬汗液分泌过多，造成失水。所以毕格犬运抵目的地后首先要及时补充水分，可以在饮水中加一些食盐以补充Na离子。毕格犬在生长供应基地通常都已经过检疫、驱虫（主要指蛔虫），但为确保动物质量，有必要在检疫期间进行常规驱虫。

2. 毕格犬必须饲喂质量合格的全价饲料。霉烂、变质、虫蛀、污染的饲料，不得用于饲喂实验动物。无专用犬饲料时可以用宠物犬饲料代替实验动物犬饲料，也可以自制饲料进行饲养。要注意犬属肉食性动物，饲料中粗蛋白含量要求达到25％～30％，而粗纤维相对比例低一些。犬对维生素A、D、B_1、B_2需求量比较大。

3. 根据实验动物管理条例规定，基础级实验动物的饮水，应当符合城市生活饮水的卫生标准，给予其物美价廉的“凉白开”即可。

4. 毕格犬排泄比较多，垫料要天天换，防止细菌滋生。注意每日定时打扫动物房，定期进行消毒，以保证动物房内的清洁卫生，同时注意动物房的通风情况，经常开窗或开换气扇，保证室内空气新鲜。

5. 毕格犬好运动，根据动物福利要求，犬饲养场地要有一定运动场地。

6. 正常犬鼻尖呈油状滋润，人以手背触之有凉感，可反映犬的健康状况，如发现鼻尖无滋润感，不凉或有热感，则犬即将生病或者已生病。

7. 犬对人有亲和力，为方便试验，饲养人员和科研人员应亲自调教1～2周，做到“叫得来，牵得走、抱得起”。除非万不得已，严禁粗暴钳制。

危害的补救措施

实验动物与其说是实验对象，不如说是实验伙伴，善待实验动物，给它们一个良好的生存环境，对于实验结果是有百利而无一害的。

对于实验大、小鼠来说，出现疾病等不良健康状况，原则上是直接淘汰而不治疗，对于犬之类的大动物来说，在不干扰实验研究结果的前提下，应予以对症治疗。当然，更重要的是始终牢记“防患于未然”的。

图片

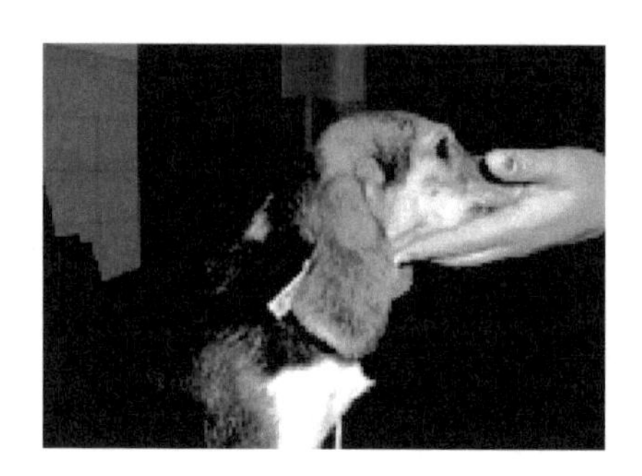

图 1　像对待朋友一样对待实验犬

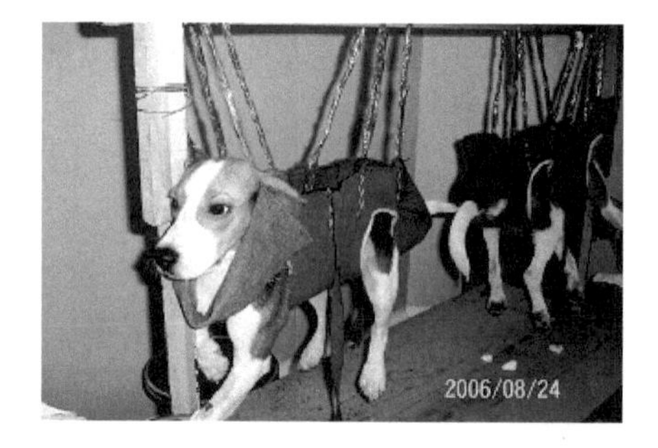

图 2　实验犬的保定。禁止用铁钳

（感谢上海交通大学医学院潘振业教授提供）

"鼠毒食仔"为哪般？

作者：Biowind

实验室手记

都说"虎毒不食子"，可最近我却遇到母鼠食仔的现象：我刚刚接手了一种转基因小鼠，要求繁殖到足够数目才能开始我的实验。我以为这是很简单的事情，把一只雄鼠和两只雌鼠合笼后就等着20天后"收获"了。我也常去观察，看着母鼠的肚子一天天大了起来，我那个高兴啊！在合笼后20天时，我看到一只母鼠身旁多了一窝粉红色的小家伙，我为了看清到底有多少只，拍了拍笼盒，母鼠受到惊吓跑到一旁，我数了数，有6、7只呢！都说近交系的小鼠繁殖力一般较低，6、7只还很不错了！第二天我又来看望，左数右数，结果发现，怎么少了3只了？难道不翼而飞了？第三天，糟糕啊糟糕！——居然一只都没有了！我仔细检查笼子，结果竟然发现了两个小小的残缺尸体！一只头已经没有了，只剩下发青的躯体；另一只则是腹腔被掏得空空！这是我第一次看到这样的惨象，我实在不明白：母鼠为何要吃掉自己的孩子？

旁边过来一位饲养人员看到，问了情况，对我说："你的母鼠是第一次生小鼠吧？初产鼠有可能不会带仔，不去哺乳，就可能食仔的！"我想想也对的，确实是首次分娩。由于我给小鼠配种是采取雌雄长期同居法，母鼠有产后24小时发情的特点，那么或许再过19天我又会得出新生小鼠，于是我又开始了新一轮等待。

在等待的过程中，我也去查了查资料，发现环境的异常也会惊吓到母鼠，导致不带仔甚至咬仔。联想到我在母鼠产仔第一天曾经去拍打笼盒，我不禁为我的行为感到后悔。而且平时饲养人员由于任务多，更换笼盒、添加饲料时，我觉得动作声音较大，金属部件常常发出刺耳的声音，会不会这些噪音也让母鼠感到恐惧了呢？另外母鼠营养不足也可能导致食仔。我们实验室没有为繁育中的大、小鼠准备专门的繁殖饲料，于是我自己买了些葵花籽，每天轻轻打开笼盒，丢几粒进去。

过了大约18～19天，母鼠果然又分娩了一窝小鼠，这次我没敢打扰它们。

为了避免饲养人员更换笼盒动作太重，我特地挂上了“黄牌子”，自己来照料它们，这次没有发生食仔现象。原因可能是多方面的，但是，一句话：用心，才能带来丰厚的回报！

点　评

母鼠胆小，易于受惊，对外界环境的改变反应敏感，尤其在怀孕、哺乳期间。导致母鼠食仔的原因多种多样，要考虑多种因素的综合结果。研究工作的紧迫往往不允许我们逐一排除，在寻找及解决问题的过程中，可从多个方面同时进行改善，对繁育期实验动物多多用心，以保证幼鼠的离乳率。

安全小贴士

发生实验动物食仔现象，可能有环境和动物自身两大类原因，研究人员不妨从以下因素考虑：

1. 强噪声严重影响动物生殖和育仔，可造成大小鼠妊娠障碍、流产。如孕后当天饲养在噪声环境，极大影响分娩率，孕后18天饲养在噪声环境，极大影响咬仔率；因此要注意避免饲养室内操作时刺耳的金属摩擦、撞击等声响。

2. 光照会影响动物相关激素分泌，从而影响动物繁殖行为。除了注意操作完毕及时关闭工作照明灯外，建议将繁育中实验动物的笼盒放置于笼架下层，尽量避免长时间光照。

3. 温度：高温可阻碍雄性动物精子生成；高温和低温使雌性动物性周期紊乱，不宜怀孕，死胎率增加，泌乳量减少。

4. 营养：大、小鼠在妊娠和哺乳期间，对各种营养成分需求比平时有所增加，主要是蛋白质和各类维生素。一般应除维持饲料外，另外配备繁育饲料，如果没有，可适当添加蛋黄或者葵花籽。

5. 在繁育期间，尽量减少人为干扰，包括更换垫料等，在用镊子转移幼鼠时宜更换一把干净的镊子，避免带来其他个体的气味给母鼠识别幼仔带来干扰。

6. 初产的母鼠有可能不会带仔，对此要有一定心理准备，必要时找别的母鼠代乳，再次生产一般即可改善。尤其金黄地鼠，初胎时有食仔的恶习。

7. 一些转基因鼠可能食仔率较高，尤其当转基因型是一些疾病或者对发育不利的基因，当幼仔中同时有转基因型和野生型幼仔，母鼠出于本能，可能会咬

死"不健康"的转基因幼仔。

8. 裸鼠繁殖如错用雌性纯合裸鼠为亲本，则母鼠母性差，不仅受孕率低，母鼠也不哺育幼鼠。

危害的补救措施

1. 当动物食仔现象发生时，要从多方面查找原因，如果动物室日常的饲养工作不包括对繁殖期实验动物进行额外照顾，建议有相应资格和经验的研究人员自己接管这个特殊时期的动物，从多方面入手改善环境，以保证幼鼠的离乳率。

2. 母鼠繁殖、哺乳期，可在笼盒内额外提供纸条、棉花等可以供母鼠做窝的材料，"窝"可以使母鼠感到安全，并利于维持小鼠体温。

3. 裸鼠繁殖一般采取♂(nu/nu)×♀(nu/＋)交配制度，即雄性纯合子与雌性半裸杂合子交配，其仔数中可获得大约50%的裸鼠，产仔率、离乳率均较高。

图片

图1　母鼠不带仔

图2　被咬死的幼鼠

参考文献

1. 吴端生，张健. 2007. 现代实验动物学技术. 北京：化学工业出版社

扑朔迷离，雾里看花

——动物的个体识别和标记

作者：Biowind

实验室手记

我要进行音乐对小鼠学习和记忆能力影响的课题，于是，购买了40只3周龄的C57BL/6小鼠，购买到的小鼠被我随机分成了两组，一组每天定时听8小时音乐，一组作为空白对照。听音乐持续了2个月，然后我开始准备做行为学检测了，此时才发现面临一个大问题：我的小鼠还没有给每一只编号呢！要是白色的小鼠还好说，用苦味酸涂色就可以了。可是C57BL/6小鼠是黑色的，涂上去也看不清啊！实验室传统的做法是剪脚趾，可是如果是刚刚购入时3周龄的小鼠，剪脚趾的疼痛刺激不太大，只要注意止血就可以了。现在小鼠已经成年，再剪脚趾会很痛，也不适合马上进行实验啊！我很后悔当初考虑得不周到，思来想去，我决定自创一种标记方法：像在身上涂色那样剪毛标记！虽然小鼠在手中不是很配合，但好在没有什么疼痛，经过一番较量，小鼠各个有了与众不同的新“发型”。我开始行为学实验了。

测定小鼠的空间记忆能力，用“水迷宫”是很经典的方法，但是根据小鼠的学习能力强弱，实验周期要7～15天，是个很累人的实验。我自创的编号方法还算有效，前几天都比较方便地辨认出了每一只的号码。然而第四天，我就发现，小鼠的毛发生长的还是比较迅速的，我有几只本来毛剪得就不彻底的小鼠几乎无法分辨了。我晕！我不得不用眼科剪把每只小鼠重新理一次发。实验进行了9天，中间剪了3轮，我笑自己成了小鼠的“理发师”。

而多数时候，我们自行繁殖的转基因小鼠要分笼时，除了剪脚趾、剪尾（提取基因组DNA进行基因型鉴定）外，另一件令人头疼的事情就是区分雌雄。成年的小鼠雌雄很好分辨，刚断奶的小鼠辨认起来就比较困难，每次恨不能把眼睛贴上小鼠的某器官看个清楚，即使这样，往往在一个月以后发现原来雄鼠中混入了一个“花木兰”，为了避免“计划外生育”，我通常在分笼饲养十天左右，再次一只一只确认。真是“扑朔迷离”，定要辨尔是雄雌！

点　评

实验动物的雌雄生殖器官在发育的不同时期有不同特点，要在饲养过程中多观察积累，才不致出错。而动物的编号则是实验的基本要求，实验人员可掌握多种编号方法以适应于不同条件。

安全小贴士

小鼠的性别鉴定、日龄判断及标记等涉及动物个体识别的方法分别如下。

1. 小鼠的性别判定

①初生小鼠个体较小，肛门到外生殖器距离两性间差别不明显，对比观察可见雄性较远。

②幼年小鼠雄性距离远，且肛门到生殖器间有被毛；雌性距离较近，肛门到生殖器间呈现一无毛小沟。被毛尚未长全的小鼠，雌性可见腹部左右对称乳头，雄性不可察见。

③成年小鼠该距离雄性明显大于雌性，且阴囊明显突出。经产雌鼠腹部乳头明显。

2. 通过体型和体表特征进行小鼠日龄判定，见表1。值得注意的是：

1）同品系、营养状况等因素均可能对动物发育产生影响而与该表表述不完全匹配。

2）某些研究人员习惯以体重判断日龄，要注意近交系小鼠一般比封闭群小鼠体重偏轻；某些与发育相关的转基因小鼠更可能与野生型有差异。

表1　小鼠日龄判断特征

日龄	特　征
0～1天	皮肤赤红，耳壳粘连，双眼不张，全身无毛，头大，四肢和尾极短
2～3天	皮肤粉红，耳壳略张开
4～5天	脐带疤痕脱落，能翻身，被毛长出
6～7天	耳耸立，能爬行
8～9天	全身除耳外均有较短被毛，雌性小鼠腹部乳头明显
10～11天	全身被毛，耳壳变薄
12～14天	开眼
14～18天	能跳跃，可自行采食
30～40天	雌性小鼠阴门开启
45～55天	雄性小鼠睾丸降落至阴囊

3. 标记

1）染色法：可使用油性记号笔或者苦味酸，注意苦味酸对皮肤有毒性和刺激性，操作人员应注意操作安全。因染色可随毛发更替逐渐变淡，因而长时间饲养不适宜用此法。

2）耳记：根据动物福利，现已不提倡打耳孔或者剪角。注意预防伤口感染粘连导致标志不清。对于兔、猪可用油性笔在耳上标记。

3）剪脚趾：从福利法角度亦不提倡。不得以为之时注意防止出血感染，注意保持笼内垫料干净卫生。

4）芯片：随着芯片价格逐渐降低，相信此法将逐步普及。皮下埋植的芯片可在动物终身使用，方便识别，且在动物死亡或者实验终止后可回收重复利用。

图片

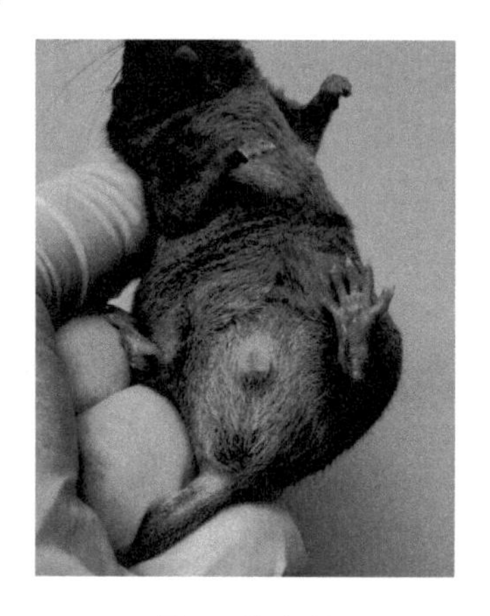

图 1　雄小鼠

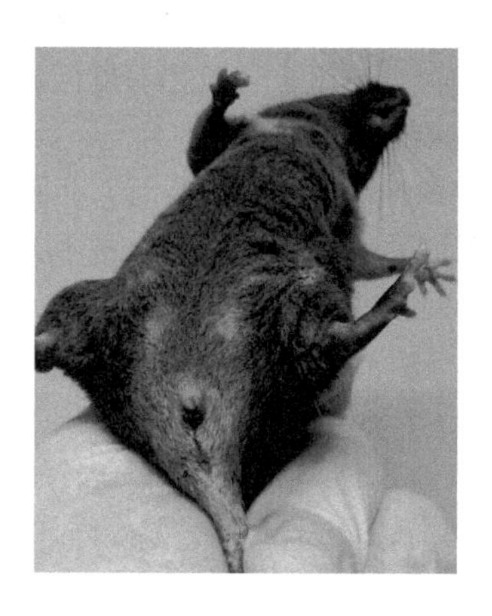

图 2　雌小鼠

参考文献

1. 徐平. 2007. 实验动物管理与使用操作技术规程. 上海：上海科学技术出版社

认识你的实验动物

——“近交系”与“封闭群”

作者：Biowind

实验室手记

初进动物实验室，对实验动物的理解还很有限，对动物品系的认识还只停留在“某些品系小鼠是白色的，某些是黑的，还有的是灰的”这种体表毛色外观上。当时我负责某转基因小鼠繁殖传代，我们实验室有个无从考证的做法：采用 C57BL/6 与 CBA 杂交的 F1 代小鼠和本品系小鼠杂交获得下一代。于是子代中灰色、黑色的毛色都有，开始我们并不觉得有什么错误。但在动物行为学实验中常常发现同组内的小鼠个体表现差异很大，后来一个偶然的机会，一位专业人士听说后一语道破“天机”：我们作为亲本之一的亲代选用的是 C57BL/6 品系和 CBA 品系杂交的 F1 代，那么根据遗传规律，在 F2 中来自 B6 的遗传背景和 CBA 的遗传背景当然要发生分离，若获得的 F2 代将来再用于繁殖下一代，无论是回交或者 F2 同胞兄妹交配，遗传背景的分离更加复杂。子代中毛色的分离只是一个表现出来的现象，遗传背景百分比各不相同的小鼠混合在一起，已经不属于同一个“近交系”，行为学等实验的表现出现较大差异是必然的。

后来我们又查阅了一些文献，发现有研究人员专门研究不同的近交系小鼠间的差异，从分子水平到行为学实验，原来经过 20 代以上精心选育出来的不同近交系小鼠，其自身的遗传背景已经大相径庭，在我们进行转基因小鼠的行为学测试实验中，为了减少突变基因以外的遗传背景差异，自然应该选用同一近交系动物。事实上，对于不同的行为学实验，不同品种/品系小鼠反映出来的学习能力并不一致。例如对于 Morris 水迷宫实验，C57BL/6、DBA/2 和 CD-1 小鼠是优秀的学习者，而 BALB/c 小鼠不能学会该任务（成绩并不随天数的增加而进步[1]）。后来，又知道了“封闭群”的概念，才知道小小的实验鼠原来有这么多说道。

点　评

“物以类聚，人以群分”，动物实验中也要注意这一点，根据实验设计，选取适合的品系，并在繁育过程中注意保持遗传背景的延续。避免由于遗传背景差异干扰甚至误导你的实验。

安全小贴士

1. 实验设计前要考虑动物品系因素，选取适合的近交系动物或封闭群进行实验。

2. 近交系的概念：经至少连续 20 代的全同胞兄妹交配培育而成，同品系内所有个体都可追溯到起源于第 20 代或者以后的一对共同祖先。近品系内交系数大于 99%。动物实验中使用较少的近交系动物即可达到统计学要求的精密度，个体之间也能互相接受皮肤和肿瘤移植。近交系保种时要严格采用兄妹交配的方法。

3. 封闭群是以非近亲交配的方式进行繁殖生产的一个实验动物种群，在不从外部引入新基因的情况下，至少连续繁殖 4 代以上，又称“远交群”。如 ddN 小鼠、KM 小鼠，Wistar 大鼠等。主要用于各种预实验、药物筛选和毒性试验。封闭群保种至少要采用 5 组以上完全循环交配法，每组不少于 10 对，严禁“近亲繁殖”。因一般小型动物实验室繁殖封闭群成本较高，一般考虑从大型实验动物公司购进。

4. 本实验室自有的模式动物（突变系）在保种传代时，纯合子遗传的突变系按照近交系的繁殖方式；杂合子突变系可与杂合子或者纯合子交配，但如需引入野生型作为亲本之一时注意保持突变基因以外的品系遗传背景一致。

5. 毛色是反映遗传背景的外在表型之一，关注并记录子代毛色变化，可以辅助判断杂交过程中是否有意外失误发生。

危害的补救措施

若突变系保种过程中已经发生如“手记”中所述的失误，可通过采取近交系的多代筛选繁育的办法，逐步淘汰混入的品系遗传背景。例如要将遗传背景逐步“还原”为 C57BL/6 品系背景，选取毛色为黑色的 F1 个体（C57BL/6 遗传背景较高）为亲本进行传代，F2 中仍将

出现灰色和黑色的小鼠，再选取黑色毛发的小鼠进一步繁殖……根据公式计算，7～8代后，将能得到大体上同近交系C57BL/6具有相同基因组成的品系。

图片

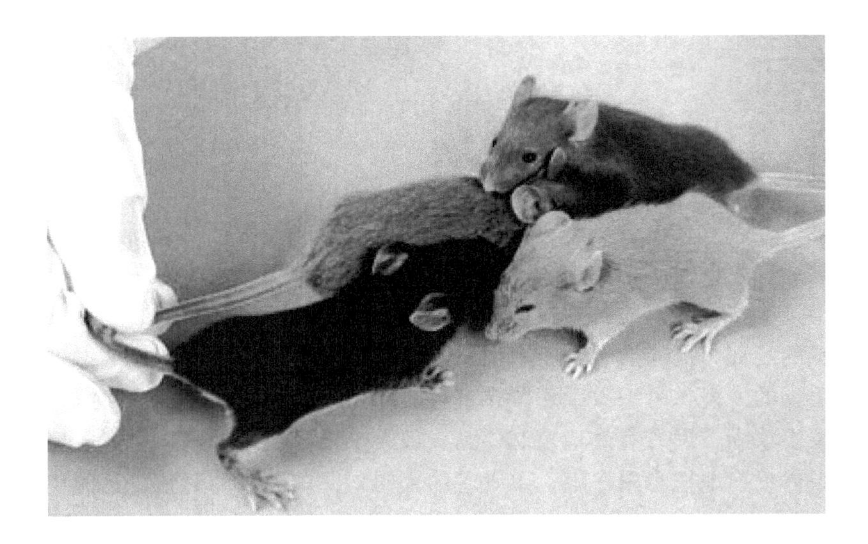

图1　Steven R. McCaw，Image Associates/NIEHS

Signs of diversity：coat color was the first way in which different mouse strains were recognized[3]

参考文献

1. Francis D. D.，Zaharia M. D.，Shanks N. et al.，1995. Stress-induced disturbances in Morris water-maze performance：interstrain variability. Physiol. Behav. 58：57～65
2. 潘振业. 2007. 医学实验动物学. 上海交通大学医学院 内部培训教材
3. Ewen C. 2007. The mouse map gets a lot more signposts. Nature，448：516～517

我被小鼠咬了

作者：魏兵华*

实验室手记

我至今仍然对第一次给小鼠灌胃的经历记忆犹新。本人虽是女生，但“初生牛犊不怕虎”，看到可爱的小鼠，我并没感到任何胆怯。灌胃的各项器具准备齐备后，从笼子里提出一只小鼠，并紧紧抓住小鼠的颈部，提起后看到小鼠似乎有点翻白眼，顿时觉得比较残忍，于是就放松了手上的力度，另一只手赶紧拿起注射器，就在我要准备下手时，谁料到，因抓小鼠不牢固，没有有效地控制住其头部，小鼠狠狠地“吻”了我一口，痛得我立即条件反射地把小鼠一甩，不管它的去向，此刻关注的只是自己的小手，看到手腕边有3个锋利的齿痕，血正在慢慢地往外渗出。我只能匆匆忙忙结束实验，赴医务室消毒。虽听说人工饲养的实验鼠没什么问题的，但是我还是不放心地打了狂犬疫苗，持续了一个月。虽说没有发生任何病症，但造成的心理压力极大，似乎有一夜白头之感。

而后，随着在实验中与小鼠接触的增加，逐渐摸索出了自己的经验：该如何抓鼠，如何避免受其伤害，在自己心里有了个谱。在此，提醒第一次做动物实验的朋友们，最好能够在有专业人员的指导下开始实验，若实在找不到指导者，也该多看看动物实验方面的资料，了解更多的防护措施。

点　评

从事动物实验，有如在没有硝烟的战场上战斗，实验结果固然重要，但不顾个人及同伴的安危，搞蛮干是没有任何意义的，也违背了从事研究的初衷。所以，我们每一个人都该时刻牢记，安全第一，胆大心细，在出成果的同时，不要留有任何遗憾。

* 魏兵华，广东省韶关市粤北人民医院麻醉科，512025

安全小贴士

1. 进行动物实验一定要胆大心细、熟悉操作规程。

第一次抓取小鼠时，需要在老师的指导下进行。要熟悉小鼠的两种抓法：单手抓持小鼠和双手抓持小鼠。单手抓小鼠时先把小鼠放在钢丝网上（一般就是小鼠盒的盖子），用左手、无名指和掌心抓住小鼠身躯、用左手小指压住其的尾巴，然后用拇指和食指抓住小鼠的颈背部；双手抓持小鼠是用右手抓住小鼠的尾巴，左手拇指、食指和中指抓住小鼠的颈背部，然后右手把小鼠尾巴转用左手小指、无名指和手掌抓住。个人认为熟练后单手抓持小鼠比较方便，而且可以腾出右手做其他事情。

2. 准备常规消毒药品。实验室中需要常备碘酒、75％酒精和创可贴，以防有小的擦伤、动物抓伤和咬伤时使用。

3. 在抓取小鼠时，最好带上胶皮手套，抓取大鼠时，需要戴帆布手套。不要激怒小鼠、大鼠，以避免发生咬伤、抓伤等事件。

4. 在实验过程中，规范操作，“温柔”对待小鼠、大鼠等实验动物是必要的。因为大部分实验动物都比较温顺，抓取之前先抚摸一下实验动物，可以有效地避免实验动物被激怒，也减少了被咬伤、抓伤的几率。

危害的补救措施

1. 当发生被小鼠、大鼠抓伤和咬伤事件时，不要惊慌。因为我国实验用大、小鼠都是清洁级以上动物，本身并不携带强致病性的细菌和病毒，尤其不能携带规定的人兽共患病原体，如狂犬病毒、流行性出血热病毒等。因此使用质量合格的实验动物是对科学实验负责，同时也是对实验人员负责。

2. 被小鼠、大鼠抓伤和咬伤的处理：首先可以用蒸馏水清洗伤口，然后用碘酒消毒，再用75％的酒精棉球脱碘，最后用创可贴包扎伤口，若还在出血，需要压迫止血。如果实在不放心，可以酌情到医院注射破伤风疫苗、出血热疫苗和狂犬疫苗。

3. 如果是被铁丝网等划伤，且伤口较深，需要及时到医院注射破伤风疫苗，由于破伤风杆菌为厌氧菌，之前自行处理时尽量把深处的血挤出，伤口暴露在空气中，不宜紧扎。

4. 如果发现动物有某种人畜共患传染性疾病迹象，应及时上报，严禁隐瞒，避免引发严重事故，请兽医全面诊断，按照突发事件应急预案操作。个人也应早期到医院接受检查，做针对性治疗。

“兔子急了蹬死鹰”

作者：李鲁滨* 小蕾子

实验室手记

动物实验是我进入实验室的第一项工作，做药理实验离不开动物。我的实验中需要用兔作动物模型，兔子这种动物平时看起来挺温柔的，可如果发怒了，也是不得了。我亲身验证了“兔子急了蹬死鹰”这句话。有一次需要抽兔子骨髓，将其放在兔固定架中，以为相安无事了。抽骨髓的过程中，一根兔后腿挣脱了。锋利的爪子在我右前臂上留下了长约4cm的疤痕。还有一次处理兔子，四肢捆绑在平板上，处理过程中，绑绳松掉了，手术野也污染了，前功尽弃。而记忆最深刻的是那一次啊，至今想起来心里还哆嗦：

我们实验每天必须的环节是给兔子导尿，一般是两个人合作，一人抓住兔子后背和大腿根的皮让兔子仰卧，另外一个人从尿道插入导尿管。工作程序很简单，顺利的情况下2分钟可以完成一个。

可是造了尿路感染模型后的兔子就没有那么好导尿了。兔子的排尿功能被打乱，时而会遇到憋尿或者尿残渣堵了导尿管。那次有点着急，我是负责插尿管的，头稍微低了一点，离兔子近了一点（心里正较劲怎么就导不出来呢!），助手也很着急，他的表现方式很特别——对着兔子鼻子吹了一口气以示挑衅！想想本来兔子被导尿就已经很郁闷了，居然还被吹气儿——老兔后腿一挣扎，尖锐的脚指甲就从我的鼻子划到了眉梢，末点离眼球还有1cm，这是最严重的一道，别忘了，兔子脚有几个脚趾头就有几个趾甲，所以在脸蛋上还有平行的两道，稍浅。另外可能是小趾甲没用上劲儿，没什么痕迹。当时血汪汪的，基本上已经感觉不出疼了，完全麻木了，倒是害怕的心理更严重一些。我是女生啊，要是被毁容了怎么办？怎“郁闷”两字可以表达？

我只好立刻去防疫站，但医生说对兔子也没什么特殊防疫。那三道口子幸好在四季轮回之后没了痕迹。

* 李鲁滨，山东烟台市毓璜顶医院血管外科，264000

点 评

做实验本身就存在一定的危险性，操作者更应该全神贯注，一丝不苟。平时大家可以说说笑笑活跃气氛，但是一旦做实验一定要收敛。说笑本身会分心，计数容易记错，操作容易失误。这些在我们日常的工作中屡屡发生，积少成多会影响实验的结果。更容易发生上面提到的惨状。

安全小贴士

抓取与保定兔时：

1. 右手从兔头前部把两耳轻轻压于手掌下，使兔匍匐不动，一起抓起兔颈背部的被毛和皮肤，提起兔，用左手托住兔的腹部，使体重主要落于左手上，调整方向，将兔头藏于左肘弯内，左手则腾出抓住兔的后肢，同时右手按住兔颈背部。

2. 颈背部经皮下给药时，抓颈背部皮肤放在台子上后，另一只手平托住腰部。

3. 经口给药时，单人操作可以采取实验人员坐在椅子上，一手抓颈背皮肤，同时要捏住兔子耳朵，以固定头部，另一只手抓住两后肢夹在大腿之间。固定好后肢以后，腾出的手来固定兔的前肢。

4. 有条件的用兔子专用的保定器，只露出头部。

5. 如采取捆绑保定兔子，捆绑的绳子一定要超过至少一个关节，并要确定捆绑牢固，以防滑脱。

提示：除了季节性换毛，兔在生长发育时有两次年龄性换毛，一次是在100日龄左右，一次是在130～190天。年龄性换毛时兔的免疫力低下，尤其在第二次年龄性换毛时，此时要小心照顾，不宜做实验，否则极易发生死亡。

危害的补救措施

1. 如被清洁级以上的实验动物咬伤，伤口不大时，可直接在所在单位医务室进行适当处理；如为普通级咬伤，或者被微生物控制质量不清的动物、感染实验动物等咬伤时，在接受适当治疗与防治后，应即刻送往医院诊治。

2. 必备急救卫生箱。紧急救济所需要的基本物品：棉花、纱布、胶布、消毒水、清洁剂如70%酒精，碘伏、双氧水、抗生素等。

3. 向有关医师或相关负责人报告并做好相关记录。

图片

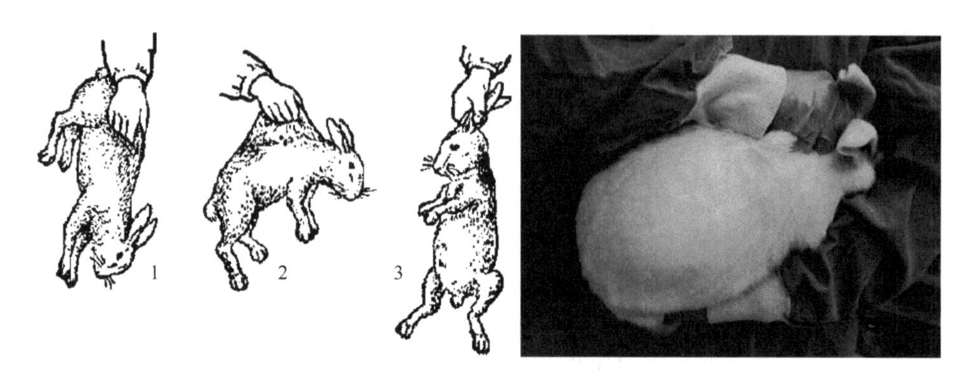

图1　兔的抓取

左图：错误的抓取兔的动作说明：1. 可伤两肾；2. 可造成皮下出血；3、可伤两耳；
右图：正确姿势（图片来自于台湾慈济大学-实验动物中心网站）

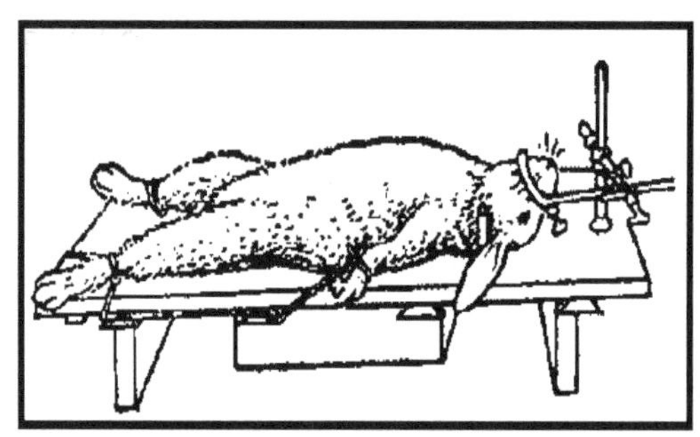

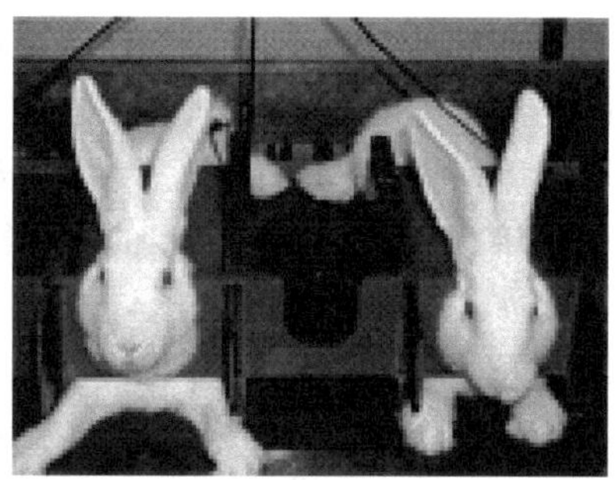

图2　兔的保定　左图：兔台固定；右图：立体定位仪

都是剂量惹的祸

作者：赵　强

实验室手记

今天，我们要做个小实验，小的让我不愿意去做它，也许就是因为自己不太愿意做，加之以前做过很多遍，所以在实验前，并没有准备实验方案，只是找出了以前的方案，稍加修改后就开始实验了。实验前打印实验方案时，因打印机硒鼓有点问题，阳性药的剂量一栏没有打印清楚，小数点没有打印出来，因此，实际剂量比以前增大了10倍，当时没有发现。开始实验后我也没有再认真地核对实验方案，更没有注意到该处错误，只是按照以前的方法一直做下去。实验过程中发现阳性组动物有死亡，当时分析了几个原因，但都一一排除。最后还是被一个同事发现，是小数点搞的怪（该阳性药剂量稍大会引起动物的惊厥，甚至死亡）。事后我非常懊恼，怎么会犯如此低级错误呢？

还有一次，和这次错误类似，一个同事在实验前没有准备麻醉药，看我有配好的麻醉药，向我借，我就借给他用了。这位仁兄以前没有怎么接触过动物实验，也没详细问我麻醉剂剂量等相关信息，就想当然的用了，结果他的动物全都被他“安乐死”了。事后发现动物死亡的原因也很简单，因为他不但用我麻醉大鼠的麻药麻醉了小鼠，而且用的还是大鼠的量（还好这个实验只是预试验）。这两件事看起来觉得不可思议，但是确实发生了，而且造成了严重的后果。

点　评

实验可分轻重缓急，但不分“大小”，每个实验都要认真对待。实验中一定要注意细节，否则后悔莫及，态度决定一切！也不可带着情绪去做事情，即使是很小的实验也要认真准备，认真操作，做实验有时不能过于自信。发现错误，应立即改正，总结教训，时常自醒。

安全小贴士

1. 实验前一定要认真地准备，注意实验的细节，认真地核对一些容易犯错的细节。尤其是药物剂量、单位等重要环节。实验方案应尽可能详细，且对重点步骤重点标注。如果打印模糊，一点要对着电子版本的方案书写清楚。

2. 动物的麻醉是很关键的一步，麻醉不到位不仅会带来动物痛苦而且也会导致其不配合实验；麻醉过量会导致动物死亡，实验前功尽弃。不同种类动物、不同麻醉药品的使用方法和使用剂量一定要认真查询。

麻醉注意事项：

• 实验动物在不同环境温度下对麻醉剂反应不同，温度过低或者过高时，易发生急性毒性死亡[1]。实验时应保持室温 18～28℃。

• 动物在麻醉状态体温容易下降，手术中与术后要采取保温措施。

• 如动物有异常，应及时处理麻醉过量的动物；如动物呼吸极慢而不规则，心搏极弱时应使用10%的咖啡因，按 0.1ml/kg 体重静脉注射或用 10%的可拉明按 0.2～0.5ml/kg 体重静脉或肌肉注射。记录开始给药到动物倒下整个麻醉过程中动物精神及运动的变化与所需时间，动物处于麻醉状态的持续时间，出现四肢或胡须运动到完全苏醒的时间及动物状态变化的过程。

附录　常用注射麻醉剂的用法用量

药品名称	动物	给药剂量（mg/kg）	常配浓度%	注射量（ml/kg）
戊巴比妥钠	犬、猫、兔	40～50	3	1.4～1.7
	大、小鼠	40	2	2
	豚鼠	30	2	1.5
硫喷妥钠	犬、猫、兔	25～50	2	1.3～2.5
	大鼠	50～100	1	5～10
乌拉坦	犬、兔、猫	1000	10～25	4～10
	大鼠	1000～1500	10～25	4～15
水合氯醛	犬、猫	100～150	10	1～1.5
	兔	50～75	5	1～1.5
	大鼠	350～400	10	3.5～4

危害的补救措施

实验过程中，由于过量麻醉，可导致动物一些可见的临床表现，应及时采取复苏和抢救措施。

（一）呼吸停止

可出现在麻醉的任何一期。如在兴奋期，呼吸停止具有反射性质。在深度麻醉期，呼吸停止是由于延髓麻醉的结果，或由于麻醉剂中毒时组织中血氧过少所致。

1. 临床症状：胸廓呼吸运动停止，黏膜发绀，角膜反射消失或极低，瞳孔散大等。呼吸停止的初期，可见呼吸浅表、频数不等而且间歇。

2. 治疗方法：必须停止供给麻醉药，先打开动物口腔，拉出舌头到口角外，应用5%CO_2和60%O_2的混合气体间歇人工呼吸，同时注射温热葡萄糖溶液、呼吸兴奋药、心脏急救药。

3. 呼吸兴奋药：此类药物作用于中枢神经系统，对抗因麻醉过量引起的中枢性呼吸抑制，常用的有尼可刹米、戊四氮、美解眠等，注意避免过量使用。

①尼可刹米：尼可刹米又名可拉明，安全范围较大，适用于各种原因引起的中枢性呼吸衰竭。每次用量0.25～0.50g，静脉注射。

②戊四氮：对抗巴比妥类及氯丙嗪等药物过量所致的中枢性呼吸衰竭。每次用量0.1g，静脉注射或心内注射。

③美解眠：主要对抗巴比妥类和水合氯醛中毒。每次用量50mg，静脉缓慢注射。

（二）心跳停止

在吸入麻醉时，麻醉初期出现的反射性心跳停止，通常是由于麻醉剂量过大的原因。还有一种情况，就是手术后麻醉剂所致的心脏急性变性，心功能急剧衰竭所致。

1. 临床症状：呼吸和脉搏突然消失，黏膜发绀。心跳停止的到来可能无预兆。

2. 治疗方法：心跳停止应迅速采取心脏按摩，即用掌心（小动物用指心）在心脏区有节奏地敲击胸壁，其频率相当于该动物正常心脏收缩次数。同时注射心脏抢救药。

3. 心脏抢救药

①肾上腺素：用于心跳骤停急救，每次0.5～1mg，静脉注射、心内或气管内注射。

②碳酸氢钠：纠正急性代谢性酸中毒的主要药物。首次给药用5%碳酸氢钠按1ml/kg～2ml/kg注射。对于心脏停跳的动物，可于首次注射肾上腺素以后立即静脉给药，因为酸中毒的心肌对儿茶酚胺反应不良。

参考文献

1. 吴端生，张健. 2007. 现代实验动物学技术. 北京：化学工业出版社

纪念为溶血与凝聚实验献身的实验兔

作者：dapaopao

实验室手记

做溶血与凝聚实验的第一步就是家兔心脏取血，记得那次在同事把没有麻醉的实验兔四肢固定仰卧在台子上后，刚刚参加工作的我，也没有多想就拿起注射器扎了下去，结果什么都没有。当时感到特没面子，两位同事就在一旁看着。怎么办？我感到一股热血涌到头上，我硬着头皮又重新将注射器送进了实验兔的胸膛。可受惊了的实验兔并不配合，为了取到血，实验兔可受老罪了，我的针头在它的胸腔摸索了好一会，现在想起来，我的心还会乱几下。最后，这一切以实验兔的蹬腿而告终。它的死终究没有帮我挽回面子。

事后，我好好反省了一下，问了师兄师姐，甚至厚着脸皮去问了老师，再加上我积累的一些经验，对家兔心脏取血总结如下：我个人认为教科书中的第几肋间的成功率并不高，主要还得靠自己的手感、经验、技术熟练程度，因为毕竟实验兔是活的，有个体差异。具体在取血之前最好让实验兔在地上跑一会，这样可以使其心脏跳动加快，手放上去后感觉会很明显，之后马上取血成功率很高，取够量（一般可取 15ml 左右）后迅速拔出针头，实验兔安然无恙。

接下来就是具体实验了，排好试管、加试剂、放入恒温箱，都没有问题。直到 2 小时后我渐渐发现，其中几管的内壁上出现一些像不光滑的墙上时间长了挂了一些灰尘似的，颜色深红，越聚越多。观察时间到了后，拿出来一看，首先判断为发生了凝聚反应。振摇后，还是有一些凝聚物，拿到显微镜下观看，确实有凝聚红细胞。但又一看，平行做的几管中有的凝了有的没凝，这就使我晕了，如果是供试品的问题，应该试验管都发生凝血才对。寻找原因行动马上展开，每一步都重新想一遍，最后不知是谁轻声说了一句“试管洗干净没有呀?”问题的焦点马上到了试管的清洁问题。回想我们是用洗衣粉刷的，之后用自来水涮了三遍，蒸馏水涮了三遍。又拿来了其余洗了的试管，对着窗户仔细一看，果然有一些白色残留物在试管内壁上（图 1）。

图1　左图为阴性对照管，右图为用没有刷干净的管子的实验结果

看来实验必须重做了，首先从试管的清洗开始，将实验后的试管晾干，放入洗液缸中浸泡一夜，再用刷子刷后冲洗，晾干后试验，再没有发生之前的状况。

点　评

不能只为了我们人类的一点点虚荣心就让动物们付出血的，甚至是生命的代价。保护动物福利，才能保护实验的顺利进行。

实验是来不得半点马虎的，哪怕是试管没洗好，那就得重返工。“细节决定成败”！

安全小贴士

1. 取血实验中，实验目的、取血量、取血次数等方面决定取血的方法。例如：

1）尾部取血通常用于大、小鼠，取血量较少（小鼠0.1ml，大鼠0.4ml），时间较长，对于时间限制很准的试验（如药动药代）、取血量较多的实验（如全套生化）不太适用。

2）眼眶取血适用于大、小鼠、豚鼠、家兔，取血量大多数实验均能满足，时间较短，间隔3～7天采血部位大致可以修复。

3）心脏取血，适用于取血量大的实验。大、小鼠和豚鼠最好不用心脏取血，容易死亡。

4）断头采血，文字虽不雅，但动物死亡之迅速痛苦时间短，符合实验动物福利法要求。可获得较大量的血。

2. 为了尽可能减轻动物在实验过程中的痛苦，除各种注射外的所有外科手术，以及只要不与研究目的相抵触的实验，都应使用镇痛剂、镇静剂和全身性麻醉剂。

3. 关于心脏取血是否麻醉的问题目前尚有争议：操作熟练的话，取血就像我们平时的打针一样，痛一下就过去了，并不影响动物生活质量，因此可不进行麻醉，尤其是当麻醉剂可能会影响实验结果时。但对于不熟练的新手，应采取麻醉后取血，否则不符合实验动物福利要求，未施麻醉的动物一旦发生挣扎，易出意外！并且动物应激反应过大，一些生化指标变动可能对实验结果产生重大影响。

4. 凝血实验中，器皿的清洁程度很关键，试管壁的附着物可能导致凝聚反应。关于玻璃器皿的清洗，可参考本书通则相关章节。

失之毫厘，谬以千里

——脑缺血模型经验谈

作者：孙世顷

实验室手记

刚到实验室，做的第一个课题就是建立一个脑缺血再灌注的模型，我们拟采用线栓的方法造模，缺血 3 小时后再灌注 21 小时。在查阅了一些文献，订购了动物后，我就开始实验了。经过一段时间的练习，手术的过程已经比较熟练了，但是手术成功的比率还是不大。这天早上，我到实验室后还是按照既定的方法练习。将大鼠麻醉、固定后，分离颈总动脉，接着分离颈外动脉，结扎颈外动脉的远心端后，用动脉夹夹闭颈总动脉，从颈外动脉上面开口，插入尼龙线，剪断颈外动脉，把尼龙线顺入颈内动脉，继续向颅内推进，到有明显阻力后，就停止推进，结扎尼龙线，手术算告一段落，这一切都比较顺利。做了几只后，发现不同的大鼠尼龙线推进的深度有明显的差异，以为是大鼠的个体差异，也没有多加留意。3 小时后，大鼠全部都醒了，然而我发现大多数大鼠并没有出现预想之中的脑缺血症状。为什么会这样？实验结果使我很沮丧。最后，我在一只大鼠做完手术后，并没有把大鼠放回去，还是继续把颈内动脉往下面分离，发现了问题的所在，原来我的尼龙线插入的深度比较浅时，尼龙线并没有沿着颈内动脉进入颅内，而是进入了一个分叉的血管（后来知道是翼腭动脉）。找到了问题所在，解决就方便了，我每次都把翼腭动脉分离出来，然后就不会把尼龙线插进去了。后来，我发现也不必每次都把翼腭动脉分离出来了，只要让尼龙线有个自然弯曲，然后把那个弯曲对着颈内动脉的方向，也可以保证尼龙线不进入翼腭动脉，而且如果误入翼腭动脉的话，尼龙线插入的深度也达不到要求。反过来，如果尼龙线插入的深度没有达到约 18mm，则肯定插入的是翼腭动脉。真是“失之毫厘，谬以千里”啊！

随着手术越来越熟练，每次在手术后 3 小时，几乎所有的大鼠都出现了脑缺血的症状。但是随之又发现了一个问题，每次在我再灌注后，总有不少大鼠死亡。是脑缺血再灌注后动物就有很高的死亡率，还是有其他原因？我又查阅了很多文献，结合自己做实验的状况，终于又找出了实验大鼠死亡率高的原因。原来

是我怕连续的麻醉会导致大鼠死亡，在拔出尼龙线的时候，并没有再次麻醉。因此，在我拔出尼龙线时，大鼠由于是清醒的（也有半梦半醒的），所以会挣扎，导致我拔出线的速度和力量都比较大，有的大鼠当时颈外动脉处就会出血，有的大鼠则由于牵引血管可能导致了蛛网膜下腔出血。所以大鼠在拔线时的死亡率很高。于是，我又改进了实验方法，在拔线的时候，用乙醚浅麻醉，重新剪开手术部位，轻轻将尼龙线拔出，然后将颈外动脉重新结扎，再缝合。大鼠会很快醒来，死亡率也大大降低了，达到了文献记录的水平。

点　评

脑缺血实验是在药理实验中比较常用到的实验操作。在脑缺血实验中，又以线栓法制备脑缺血再灌注模型的操作最为复杂，但也最为常用。线栓法造模主要有两个问题，一个是手术造模成功率的问题，另外一个就是手术死亡率的问题。对于这两个问题，影响的因素很多，需要全面掌握大鼠颈部血管的走向，以及手术的各个细节问题，才能保证手术的成功。

安全小贴士

用线栓法制备脑缺血再灌注模型，是评价药物对脑缺血再灌注治疗作用的一种重要手段。这个手术比较复杂，影响的因素很多，尤其是以下几点，需要重点关注。

1. 对于尼龙线的要求：尼龙线的直径对实验成功非常重要，一般我们用的是体重 300g 左右的雄性大鼠，可以用直径 0.21～0.24mm 的尼龙线，头端经过处理后，直径在 0.26～0.28mm，可以在尼龙线处理好后，在显微镜下测量一下直径，把不符合要求的尼龙线弃去。尼龙线要求有一定的硬度和柔软度，可以轻松弯曲，以适应在血管中推进；但是也不能太软，导致无法推进。

2. 手术前熟悉大鼠颈部血管的走向，以及手术中哪些血管需要结扎，哪些血管需要剪断，哪些血管只需要暂时夹闭，尽量避免尼龙线在不是直视的情况下插入翼腭动脉。

3. 手术过程中保持大鼠的体温，在术后可以用灯光照射或者合适的方法维持大鼠的肛温，因为低体温对脑缺血具有保护作用，影响实验结果；而且在低体温的状态下，大鼠在麻醉状态比较难苏醒。

4. 麻醉方法可以采用水合氯醛腹腔注射麻醉，有条件的可以采用气体麻醉

(如氟烷)，但避免使用戊巴比妥钠，它对脑缺血具有保护作用，影响实验结果。

5. 拔出尼龙线的时候一定要再次麻醉，以防导致颈外动脉出血或者蛛网膜下腔出血。

6. 尼龙线的插入深度一般在18mm左右，以推进尼龙线时有明显阻力为止。现在很多文献采用超声多普勒的方法监测大鼠的脑血流量，在插线的时候，手术侧脑半球血流量下降50%左右时，就可以停止尼龙线的推进。这种方法比较直观，但是添置实验仪器需要一定的经费。

糖尿病大鼠的血糖测量

作者：赵　强

实验室手记

做糖尿病动物实验时，需要多次测量动物的血糖。

测大鼠血糖值，有时会遇到数值有反复的情况，这大都是由一些小问题引起的。最常见的就是取血问题，用血糖仪测血糖，只需一滴血很方便（我喜欢测第二滴），但糖尿病大鼠比较容易烦躁，有几次我用尾静脉采血测血糖，没有进行麻醉，同事也没有把大鼠固定好，结果在我专心扎它尾静脉取血时，大鼠反应过激，回头就咬，手套和手一起破，当时就血流不止。人受伤不说，这种应激状态下大鼠血糖值也肯定比常态下的高。后来想到用麻醉的方法，乙醚、戊巴比妥等都试过，但经常麻醉对大鼠的状态有影响，所测数值与真实数值还会有一点偏差。现在用 CO_2 混合气体麻醉较好，对大鼠基本没有什么影响，而且所测指标可反映真实值。

测血糖时不能让动物受刺激。有一次我们测血糖，隔壁实验室在装修房子，噪声很大，动物都受到了一定程度的惊吓，在笼子里来回转，想抓它们出来，它们都要攻击你。测量结果是每组动物的血糖均升高，而且数据千奇百怪。

记得最清楚的一次是动物禁食问题。我们一般是使动物禁食 8 小时，多数情况下测得的数据比较理想，但有一次，阳性药组里有 4 只大鼠的血糖值比本组其他的值高，比模型组的值稍低些，结果真是让人崩溃。给经典的阳性药治疗，居然会有几只血糖不降反升。如果是阳性药的问题，应该是全部动物的血糖都升高，怎么会只有 4 只？开始以为是这几只大鼠受到刺激或测量的原因，让大鼠平静了一会，第二次测量，它们的血糖还是和上次测的数据接近。分析了很多原因，都觉得缺乏服力，最后还是在放回鼠笼时发现，笼子的垫料里混有一些饲料残渣（大鼠平时啃饲料，掉下的残渣）。恍然大悟，可能是那几只大鼠吃了垫料里混杂的饲料，结果等于没有禁食，所测的血糖升高。事情过去快 5 年了，一想起还是有些郁闷。现在只要是有授试动物禁食，我就要求必须换垫料。

点 评

糖尿病大鼠血糖的测量，受很多因素的影响。一般空腹血糖值比较稳定，很少会出现假阳性，但禁食要彻底，一定要换垫料。任何使动物情绪波动的行为都要尽量避免，稳定的状态下才能得到真实可靠的结果。受刺激的动物身上得到的结果一定也会刺激你自己！

安全小贴士

1. 糖尿病大鼠容易受惊吓，要轻拿轻放。测血糖一定要保持环境的安静。环境如果嘈杂，测得结果会偏高，不能真实反映结果。而且动物受到刺激会攻击实验人员，具有一定的危险性。图1中所示为大鼠发怒的表现，此时不宜伸手抓取，更不宜进行实验。

2. 实验场地温度、相对湿度要和动物的饲养室的温度、相对湿度相当。但禁止在饲养室进行实验。采血等操作会使动物通过信息素互相传递信息，使尚未进行实验的动物提前紧张，造成血压升高等应激反应，影响真实结果的测量。

3. 对动物实施禁食一定要更换垫料，做到完全禁食。

4. 取血与检测最好每次都由固定的人员操作，这样动物会适应你的手法，不会因为手法不同而出现一些偏差。由同一人检测也会减少误差。

5. 取血应实施麻醉，混合气体麻醉的时间足够取血，且不会影响动物状态。不麻醉动物会有一些应激，使测试结果偏高。

6. 正常大鼠的血糖值范围：50～135mg/ml。

图片

图1　大鼠发怒的表现：头高高抬起，耳朵耸立。此时不易接近大鼠，避免被攻击（感谢上海交通大学医学院，潘振业教授提供）

“一切从沟通开始”

——动物行为学实验 Handle 的重要性

作者：Biowind

实验室手记

2007 年我开始接触动物实验，正所谓“初生牛犊不怕虎”，对这些上蹿下跳的小东西我并没什么害怕，一开始，抓取，剪尾（用于提取基因组 DNA）注射等过程都进行的比较顺利，也未发生被小鼠咬伤的意外，自以为掌握了实验技巧，并颇有些自得。

接下来需要进行对小鼠足部电击刺激的实验，以分析该刺激对大脑中某些即刻早基因等的诱导表达情况。电击过程实验仿照学习与记忆的行为学经典实验之一——条件恐惧化实验来进行。负责管理实验仪器的老师特地问我实验之前是否需要对动物进行安抚和场景习惯化，考虑到我只利用电击装置给小鼠施加电刺激，我就忽略了老师的建议。电击发生时（0.75 mA，2 秒），小鼠痛得在笼内上蹿下跳，我刚刚把电击笼上部的门开了一条小缝，老师刚说“当心”，小鼠已经以“迅雷不及掩耳”之势蹿起一尺高，“飞身”出来，结果从高高的实验台上跌到地上，我急忙趁它头晕之际，抓住它的尾巴要放回笼盒，谁料到小鼠受了如此惊吓，被我拎起尾巴后，竟在空中掉转身体，回头对我的手狠狠咬了一口！透过两层橡胶手套，我仍然感到一阵疼痛，看到血涌出来，不知道为什么，我没有凭本能把小鼠丢开，而是迅速把小鼠换到另一只手上，这样做的结果是给了小鼠第二次机会，它毫不留情地在另一只手上留下了血的印记！我忍着痛把小鼠丢回笼盒，检查伤口，考虑到小鼠是 SPF 级的实验动物，只用酒精棉球搽拭了一下，坚持把实验做完了。结果第二天伤口有些红肿，发炎，三天才消退。

有了这一次的教训，后来再做条件恐惧化实验（fear conditioning）前，我都会提前 3 天每天把小鼠放在手中安抚 5 分钟，我还发现，小鼠不喜欢我戴的橡胶手套，而是更喜欢那付已经脏兮兮的难闻的棉线手套。在第一天安抚时，小鼠还有些抗拒我，甚至从我手中跳开，而第三天的时候，小鼠已经温顺地半闭着眼，很享受我用粗粗的棉线手套从头顶一直划过它的尾尖的过程了。想到小鼠对我如此依赖，而我依然要把它们送上电击台，心中还真是不忍。电击实验时依然

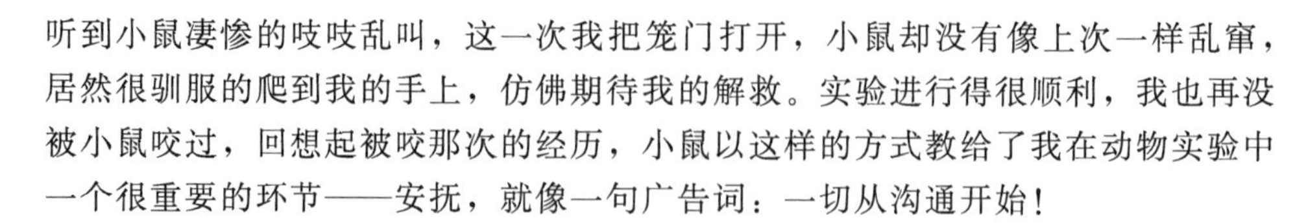

听到小鼠凄惨的吱吱乱叫，这一次我把笼门打开，小鼠却没有像上次一样乱窜，居然很驯服的爬到我的手上，仿佛期待我的解救。实验进行得很顺利，我也再没被小鼠咬过，回想起被咬那次的经历，小鼠以这样的方式教给了我在动物实验中一个很重要的环节——安抚，就像一句广告词：一切从沟通开始！

点　评

动物的行为学实验对小鼠往往是一种不同于日常饲养过程的刺激，抚弄不仅能使实验者和实验动物熟悉，“沟通感情”，使实验容易进行，更能够平复动物的焦虑和不安，减少因动物情绪波动带来的个体差异。

安全小贴士

1. 很多行为学实验的“训练”过程前，不仅需要对实验环境进行“习惯化”，还需要对动物提前进行“安抚”（handle），一般是连续3天，每天5分钟。

2. 安抚时宜带厚棉线手套，而不只是乳胶手套。动作要轻柔，防止惊吓小鼠。

3. 开始的安抚过程中，小鼠可能会从手中跳出，注意防范小鼠逃逸。可选择空旷无过多杂物的场地进行。注意室内光线和噪声控制。

4. 连续的动物实验过程中，最好由同一人操作，或者穿着一致，带同一副棉手套。操作者避免使用香水或者改变其他明显嗅觉、视觉刺激的因素，以免干扰实验动物。

"智将"手下无弱兵

——挑选优秀实验动物的准则

作者：李世佳*

实验室手记

我原来的专业背景是分子生物学，2007 年，我开始"半路出家"，转向神经生物学，研究大脑的学习与记忆，这就免不了要进行学习与记忆的行为学实验。我要以一种学习能力缺陷的基因敲除小鼠为研究对象，我曾经习惯了操作 DNA 分子、细胞和 *E. coli*，却从来没有和小鼠打过交道。在动物房一番痛苦的磨炼之后，我的第一批小鼠繁殖到了足够做行为学的数量了。这批小鼠看起来各个精神抖擞，皮毛发亮，我的辛苦总算没有白费。于是我开始进行场景恐惧化实验（contextual-fear conditioning）。在小鼠对电击笼场景熟悉以后（每天 5min，3 天）之后的训练阶段，我给了小鼠足部电击刺激，这样理论上小鼠会把电击刺激和电击笼的场景联系起来，当这个场景再现的时候，即使没有电击刺激，小鼠仍然会感到恐惧。然而我实际测试的时候，发现不仅学习能力缺陷鼠不能表现出恐惧，有相当一部分野生对照鼠也没有形成场景恐惧化！难道电击条件有问题？难道是我的电击笼环境发生变化，小鼠被什么因素干扰了？

正在我百思不得其解之时，一个同学无意中问道："你的小鼠做实验前有没有检测视力和听力啊？""什么?! 好像没有人和我说过啊！"我的小鼠看起来很健康的样子，年龄又不大，以前也没进行过什么损伤性实验。再说了，如何检查啊？在同学的指点下，我尝试着用手指戳向一只小鼠的眼睛，然而都快戳到小鼠了，小鼠没什么反应，我又向小鼠伸出手做出要抓取的动作，小鼠也没有逃跑的样子，而旁边同笼的小鼠早已向笼子另一端窜了过去！我又用戴着乳胶手套的手指在小鼠耳边打了个响指，小鼠同样没有受惊吓而身体蜷缩的表现！我顿时感到头晕目眩：我的部分小鼠居然是瞎的和聋的！我之前还为这几只小鼠在抚摸时表现特别温顺而高兴呢！

* 李世佳，华东师范大学教育部及上海市脑功能基因组学重点实验室，200062

事实上经过我的检验，无论是实验组还是同窝的野生型对照，都有相当一部分存在着视力和听力的障碍。什么原因，目前我还不得而知，但是，我知道，我的实验遭遇了灭顶之灾，我忽视了对实验对象最基本的筛选，行为学的实验并没有反映真实的结果。

点　评

俗话说："好的开始是成功的一半。"实验动物是动物行为学研究的主体，即使我们所使用的实验动物来自同一品系，同一遗传背景，但是不同个体间的健康状态、对于外界刺激的应激能力还是存在一定差异的，所以在实验之前对实验对象的谨慎挑选，同样也是一门很有讲究的学问。通过实验之前对于实验动物的删选，不仅能够保证将研究无关因素降到最低，也可以最大限度发挥实验动物的利用率，降低实验动物的消耗。

安全小贴士

1. 只有保证行为学实验小鼠的健康水平一致，才能尽可能减小个体差异。在实验之前，可以通过以下指标的检查来进行快速选择（美国 NIH 的标准）：

a. 体重尽量保持一致；

b. 卧、立、跑动姿态无异常；

c. 被毛光泽整齐，无脱落；

d. 胡须完整；

e. 在笼内活动水平（可以通过开场实验检测）；

f. 发育的各个阶段保持一致——如睁眼天数，长毛天数等（通常用于自行繁育的动物）；

g. 神经反射正常（详细指标见下一段）；

h. 对于安抚（handle）的反应（如果很不容易在抚摸时平静下来，说明该动物太容易受惊，应该及时去除）。

2. 动物的神经和感觉反射是行为学实验中最重要的因素，只有正确接受了实验所施加的刺激并通过反射行为反映出来，我们才能正确记录实验现象和结果。简单的实验前神经反射检查如下：

a. 前爪是否能够正常伸出抓住眼前的物体；

b. 遇到强烈光线或者吹气时眨眼反射（eye blink）是否正常；

c. 耳朵在听到响声和轻触时是否能够正常抖动；

d. 胡须在轻触时能否正常抖动；

e. 惊吓（startle）时能否表现出正常的畏缩反应；

f. 针扎趾尖时能否及时反应缩回；

g. 翻正反射（righting reflexes）是否正常（即强迫其四脚朝天后能否快速翻身恢复平衡）。

如果经过这些基础检验之后动物没有异常，并且每组内动物的反应都相同或相似，那么恭喜你，这些动物都是合格的实验对象，而且实验中个体差异所带来的影响都已经降到了最低，可以安心进行下面的实验了。

危害的补救措施

如果实验之前未能及时进行动物运动能力的检查，而行为学实验中又出现明显的个体差异，在实验数据处理的时候很难决定哪些数据需要取舍，这时可以进行实验后的行为学检测方法作为依据。通过以下几种运动能力检测实验可以详细检验动物的运动异常：

1. 开场实验，可以用来记录基础运动能力和新环境探索情况。一般情况下只需要记录进入新环境后的前5分钟；如果需要记录在进入一个新环境后的熟悉情况，可以增加到记录60分钟；如果需要检查昼夜节律情况，可以记录24～72小时。

2. 自动加速转棒（automated accelerating rotarod），实验可以检验动物的协调和平衡能力。

3. 撑握实验（grip test），通过检验动物从悬索上坠落的延迟时间，或者在可以自动翻转的网面上坚持时间，来检验动物的神经肌肉强度。

4. 平衡梁（balance beam），实验可以检测动物的平衡能力，也可以反映该动物是否患有共济失调。

5. 足迹法分析（footprint analysis），可以用来检测动物是否有步态共济失调。

通过这些检验可以找出身体状态差异最大、对实验的结果最有影响的小鼠，去除其实验数据，减小个体差异。

参考文献

1. Marina R. P，Kevin W. 1998. Using knockout and transgenic mice to study neurophysiology and behavior. Physiological Reviews，78 (4)：1131～1163

2. Jacqueline N. C. 2008. Behavioral phenotyping strategies for mutant mice，Neuron. 57：809～818

“田忌赛马”的启示

——优化行为学实验的顺序

作者：李世佳

实验室手记

我们研究所得到了一个新的转基因小鼠品系，由于该基因与情绪及学习、记忆均有可能相关，但在小鼠体内过表达后可能造成什么表型，还没有相关报道。因此，我负责对该转基因小鼠进行一系列行为学实验，来分析转基因的影响。

我暗自盘算：至少要做的实验包括开场实验（open-field locomotion）、检验运动能力的转棒实验、学习与记忆的实验还分恐惧记忆和空间记忆……这么多实验，每组实验中，实验组和对照组至少各 10 只，天啊！大家都知道，本来近交系小鼠繁殖力就低，我们这个转基因的小鼠繁殖能力更是有限，要想做这么多实验，得繁殖多少小鼠啊！估计一两年也做不完啊！

导师看我郁闷的样子，指点道：“同一组小鼠，可以进行多组实验，来检测不同方面的行为，一般来说不会相互干扰。要注意伤害性较大的实验放在后面，以防止小鼠应激反应过强。”

我听了豁然开朗：对照组和实验组都是在同样的实验条件和顺序下进行实验的，如果需要进行多种行为学实验，若是前面的实验对动物造成了影响，那么有对照组的数据在，还是可以进行分析的。哈哈！这岂不是一组小鼠就搞定了？赶快去预约行为学实验。我想：只要带有电击的条件性恐惧实验放在最后就行了。

做完了开场实验和转棒实验，实验组和对照组都没什么差异，这意味着我后续可以进行水迷宫实验了（否则水迷宫实验中小鼠的运动距离的差异可能是由于自身运动能力差异造成的）。可是这时有人已经在我之前预约了水迷宫实验，在等待的时间里我又不能做条件性恐惧实验，不能白白浪费了小鼠和我的“大好青春”啊！这时我无意中发现高架十字迷宫的仪器没有人用，对了，何不检测一下转基因小鼠的情绪上有没有变化呢？说做就做，当天就完成了高架十字迷宫的检测，分析数据时我郁闷了：结果乱七八糟。不仅仅是实验组和对照组没有差异这么简单，组内个体差异也非常大。我请教做过高架十字迷宫的同学：“我的小鼠

在做开场实验和转棒实验时，数据都比较整齐的，这个实验数据这么乱，是不是高架十字迷宫本身的原因啊？"那个同学一听马上说道："你的小鼠做过别的实验了？如果做情绪实验，最好是先做，要不然情绪容易受到干扰，结果就不准确了，或者很难解释！"

原来如此。看来，行为学实验里我不懂的"技巧"还很多！我自以为做到了动物实验"3R"原则中的"reduction（减少）"，但却没有真正实现"refinement（优化）"。对于行为学实验的顺序对于实验动物的影响我还是没有领悟透彻啊！

点　评

大家都记得的例子：田忌赛马，合理安排比赛的顺序往往能够决定胜负，实验设计同样如此。通过充分了解各种行为学实验的特点和对实验动物的影响，适当的调整和合理设计实验顺序，有的放矢地进行实验，同时减少实验动物的使用量，往往可以达到事半功倍的效果，

安全小贴士

1. 行为学实验的合理顺序：

按照刺激程度（stressful）从最小到最高排列，常见的行为学实验顺序如下：

a. 开场实验（open-field locomotion）：该实验仅仅是在一个陌生环境下对动物活动量进行记录，对动物几乎没有任何刺激，所以放在最开始进行（并且该实验也是选择实验动物的重要依据之一）。

b. 神经反射（neurological reflexes）：该实验对于实验动物的感觉器官有一定的刺激。

c. 热板实验（hot plate）：检测动物是否有痛觉缺失（analgesia），动物会有对热的痛觉记忆存在，有一定影响，但仍属于温和刺激。

d. 声音惊吓实验（acoustic startle）：严格检验动物听觉，高分贝的声音对于小鼠、兔这类听力很好的动物，可能会有很强烈的刺激存在。

e. 前脉冲抑制实验（prepulse inhibition）：检测精神分裂症相关的感觉运动门控通路（schizophrenia-related sensorimotor gating）是否存在异常，强烈的声音刺激伴随着一定时间内的自由剥夺，带来的应激刺激更加强烈。

f. 条件性恐惧实验（fear-conditioned）：检测学习与记忆，这个实验是学习与记忆行为学中刺激最强烈的一种，实验中所带来的电击恐惧记忆有可能伴随动物一生，所以该实验也往往是系列条件刺激类实验的终点。

2. 除了这些有伤害性刺激的实验以外，其他诸如新异物体识别、迷宫实验等不需要这么严格的顺序，并且也不需要检验痛觉等，所以可以在开场实验和神经反射之后直接进行。但是要注意，抚摸驯化之后的小鼠再进行声音、光线等温和刺激时反应程度会有所下降，此时不应当再进行这类检测。

3. 如果要做情绪实验，检测焦虑症的高架十字迷宫实验（elevated plus-maze）一定要最先做，因为以上这些实验过程很容易诱发实验动物的焦虑情绪，会对高架十字迷宫实验结果产生影响。其他测焦虑症的高架迷宫实验亦如此。

4. 多种同类或不同类行为学实验的数据分析，应使用重复测量的方差分析（repeated measure ANOVA）为宜。

参考文献

1. Marina R. P，Kevin W. 1998. Using knockout and transgenic mice to study neurophysiology and behavior，Physiological Reviews，78 (4)：1131～1163

2. Jacqueline N. C. 2008. Behavioral phenotyping strategies for mutant mice. Neuron，57：809～818

3. John F. C，Andrew H. 2005. The ascent of mouse：advances in modelling human depression and anxiety，Nature Reviews Drug Discovery，4：775～790

4. Noelia V. W et al.，2006. Cortical 5-HT2A Receptor signaling modulates anxiety-like behaviors in mice，Science，313：536～540

Laboratory animals: for care or for use?

作者：崔文浩　潘振业

实验室手记

每个需要进行动物实验的单位都有自己的IACUC，就是Institutional Animal Care and Use Committee，直译叫“动物关怀与利用委员会”，或许不同单位叫法不同，但是这个部门共同的职责就是：监督该单位的实验动物的使用情况，看是否存在动物们被虐待、被不合理使用等情况。从一些研究者的角度看来，IACUC和科学实验就是对立的关系，经常会发生研究者想如此这般的设计实验并将实验进行下去，但是IACUC的委员觉得此举如何如何的违反动物福利，所以拒绝启动那个课题，这种时候会让课题负责人们觉得很麻烦。由于笔者以前当过单位IACUC的主席，也亲自制定了单位的IACUC的规定及流程，感受颇深。

一次一个学生的申请中涉及对动物眼睛进行操作，由于该操作是致盲的，所以当操作中提到对一只实验动物左眼进行实验，右眼作为对照（同样致盲）时，我明确告诉他：这种致盲的手术不是不可以做，但是不能在同一动物的双眼同时进行，因为这样违反动物福利。该学生表示不理解，认为这样在同一动物左右眼的对照可以消除动物个体差异的影响，有说服力。我不得不正告他：如果他这样做了，文章向国际期刊投稿，是绝对不会被接受的！

他考虑之后听取了我的建议，采用某近交系小鼠分试验组和对照组顺利进行了实验。

点　评

对于生命的尊重，更由于实验动物是人类的“替难者”，我们需要去善待动物。从实验的角度出发，实验动物是否合格，是否正确合理的被使用会直接影响实验结果。动物福利明确要求：善待活着的动物，减少死亡的痛苦！

安全小贴士

1. 善待实验动物，包括倡导“减少、替代、优化”的“3R”原则，科学、合理、人道地使用实验动物。

2. 在饲养管理和使用实验动物过程中，要采取有效措施，使实验动物免遭不必要的伤害、饥渴、不适、惊恐、折磨、疾病和疼痛，保证动物能够实现自然行为，受到良好的管理和照料，为其提供清洁、舒适的生活环境，提供充足的保证健康的食物、饮水，避免或减轻疼痛和痛苦等（见“动物饲养”章节）。

3. 实验动物应用过程中，应将动物的惊恐和疼痛减少到最低程度。实验现场避免无关人员进入；动物处于恐惧及强应激状态很多实验数据会与自然状态下的真实值有明显偏差。

4. 在符合科学原则的条件下，应积极开展实验动物替代方法的研究与应用。

5. 在不影响实验结果判定的情况下，应选择“仁慈终点”，避免延长动物承受痛苦的时间。

6. 实验完成后，对动物施行“安乐死”，处死的动物尸体要妥善处理，不能随意丢弃。

7. 我国科技部2006年11月7日发布的《国家科技计划实施中科研不端行为处理办法（试行）》将违反实验动物保护规范列为科研不端行为之一。

8. 一些不违反IACUC准则，又取得IACUC同意开展实验的经验：

a. 写IACUC申请书时，要重点突出“我们非常考虑到了动物的各种福利”。

b. 当有与IACUC的准则有冲突迹象时，一定要重点写出“本实验对于医学的重大意义，而且如果本实验成功的话，将来可以不用使用更多动物，所以变相减少了动物的使用数量，以及防止动物因为此类的实验而遭罪”。

c. 关于动物出现疼痛的时候，要提到“在不违反IACUC大原则的前提下，课题负责人和本单位的兽医共同决定如何处理实验动物”，这样就会给自己留下一些余地，也不会让IACUC的人们觉得你没有考虑到动物痛苦的问题。

d. 尽量不要写到“由于实验的设计是如此，所以只好……”之类的话，因为如果没有不可避免的理由，IACUC有权拒绝导致动物痛苦的实验。例如，虽然LD_{50}在近50年里被认为是药理学上必要的指标，但1991年，日本、美国和欧盟放弃LD_{50}作为急性毒性试验的必要手段，而改用近似致死量测定、增减法测定和非致死剂量范围的急性毒性试验，以减少使用的动物。

e. 要记住申请不是一种形式，更要在实验中落实在实处。

图片

图 1　上海交通大学医学院为实验动物立碑（感谢潘振业教授提供）

参考文献

1. 中国科技部. 2006. 关于善待实验动物的指导性意见